小型建设工程施工项目负责人岗位培训教材

机电安装工程

小型建设工程施工项目负责人岗位培训教材编写委员会　编写

U0296201

中国建筑工业出版社

图书在版编目（CIP）数据

机电安装工程/小型建设工程施工项目负责人岗位培训教材
编写委员会编写．—北京：中国建筑工业出版社，2013.8
小型建设工程施工项目负责人岗位培训教材
ISBN 978-7-112-15579-8

Ⅰ.①机⋯　Ⅱ.①小⋯　Ⅲ.①机电设备—建筑安装—岗位
培训—教材　Ⅳ.①TU85

中国版本图书馆 CIP 数据核字（2013）第 143037 号

　　本书是《小型建设工程施工项目负责人岗位培训教材》中的一本，是机电安装工程专业小型建设工程施工项目负责人参加岗位培训的参考教材。全书共 3 章：机电安装工程技术、机电安装工程管理、注册建造师（机电工程）执业管理规定及相关要求。本书可供机电安装工程专业小型建设工程施工项目负责人作为岗位培训参考教材，也可供机电安装工程专业相关技术人员和管理人员参考使用。

＊　　＊　　＊

　　责任编辑：刘　江　岳建光　范业庶
　　责任设计：张　虹
　　责任校对：张　颖　赵　颖

小型建设工程施工项目负责人岗位培训教材
机电安装工程
小型建设工程施工项目负责人岗位培训教材编写委员会　编写
＊
中国建筑工业出版社出版、发行（北京西郊百万庄）
各地新华书店、建筑书店经销
北京永峥排版公司制版
河北省零五印刷厂印刷
＊
开本：787×1092毫米　1/16　印张：10　字数：242千字
2014年4月第一版　2014年4月第一次印刷
定价：28.00元
ISBN 978-7-112-15579-8
(24165)

小型建设工程施工项目负责人岗位培训教材

编 写 委 员 会

主　编：缪长江

编　委：（按姓氏笔画排序）

王　莹　　王晓峥　　王海滨　　王雪青

王清训　　史汉星　　冯桂炬　　成　银

刘伊生　　刘雪迎　　孙继德　　李启明

杨卫东　　何孝贵　　张云富　　庞南生

贺　铭　　高尔新　　唐江华　　潘名先

序

为了加强建设工程施工管理，提高工程管理专业人员素质，保证工程质量和施工安全，建设部会同有关部门自 2002 年以来陆续颁布了《建造师执业资格制度暂行规定》、《注册建造师管理规定》、《注册建造师执业工程规模标准》（试行）、《注册建造师施工管理签章文件目录》（试行）、《注册建造师执业管理办法》（试行）等一系列文件，对从事建设工程项目总承包及施工管理的专业技术人员实行建造师执业资格制度。

《注册建造师执业管理办法》（试行）第五条规定：各专业大、中、小型工程分类标准按《注册建造师执业工程规模标准》（试行）执行；第二十八条规定：小型工程施工项目负责人任职条件和小型工程管理办法由各省、自治区、直辖市人民政府建设行政主管部门会同有关部门根据本地实际情况规定。该文件对小型工程的管理工作做出了总体部署，但目前我国小型建设工程还未形成一个有效、系统的管理体系，尤其是对于小型建设工程施工项目负责人的管理仍是一项空白，为此，本套培训教材编写委员会组织全国具有丰富理论和实践经验的专家、学者以及工程技术人员，编写了《小型建设工程施工项目负责人岗位培训教材》（以下简称《培训教材》），力求能够提高小型建设工程施工项目负责人的素质；缓解"小工程、大事故"的矛盾；帮助地方建立小型工程管理体系；完善和补充建造师执业资格制度体系。

本套《培训教材》共 17 册，分别为《建设工程施工管理》、《建设工程施工技术》、《建设工程施工成本管理》、《建设工程法规及相关知识》、《房屋建筑工程》、《农村公路工程》、《铁路工程》、《港口与航道工程》、《水利水电工程》、《电力工程》、《矿山工程》、《冶炼工程》、《石油化工工程》、《市政公用工程》、《通信与广电工程》、《机电安装工程》、《装饰装修工程》。其中《建设工程施工成本管理》、《建设工程法规及相关知识》、《建设工程施工管理》、《建设工程施工技术》为综合科目，其余专业分册按照《注册建造师执业工程规模标准》（试行）来划分。本套《培训教材》可供相关专业小型建设工程施工项目负责人作为岗位培训参考教材，也可供相关专业相关技术人员和管理人员参考使用。

对参与本套《培训教材》编写的大专院校、行政管理、行业协会和施工企业的专家和学者，表示衷心感谢。

在《培训教材》的编写过程中，虽经反复推敲核证，仍难免有不妥甚至疏漏之处，恳请广大读者提出宝贵意见。

小型建设工程施工项目负责人岗位培训教材编写委员会

2013 年 9 月

《机电安装工程》
编 写 小 组

组　　长：王清训

副组长：吴小莎

成　　员：（按姓氏笔画排序）

　　　　　陆文华　高圣源　黄崇国　张清祥

　　　　　张惠兴

前　言

当前，小型工程施工项目负责人的管理还未形成一个有效、系统的管理体系，为了帮助地方建立小型工程施工项目管理体系；提高小型工程施工项目负责人素质，促进工程质量、安全水平提高；完善和补充建造师执业资格制度体系。根据《注册建造师执业管理办法》第二十八条规定："小型工程施工项目负责人任职条件和小型工程管理办法由各省、自治区、直辖市人民政府建设行政主管部门会同有关部门根据本地实际情况规定。"本书编委会组织了有丰富理论和实践经验的专家、教授以及工程技术人员，编写了本教材。

机电安装工程是指按照一定的工艺和方法，将不同规格、型号、性能、材质的设备、管路、线路等有机组合起来，满足使用功能要求的工程项目。设备是指各类机械设备、静置设备、电气设备、自动化控制仪表和智能化设备等。管路是指按等级使用要求，将各类不同压力、温度、材质、介质、型号、规格的管道与管件、附件组合形成的系统。线路是指按等级使用要求，将各类不同型号、规格、材质的电线电缆与组件、附件组合形成的系统。机电工程涵盖的专业工程很多，涉及的专业面很广、学科跨度大，本教材针对我国小型工程施工项目负责人的知识和技能特点，着重在机电安装工程施工技术、机电安装工程相关法律法规及其机电安装工程施工执业规模标准、执业范围、建造师签章文件等方面作了阐述；通过工程实例进行剖析，提升理论知识和实践技能，提高小型工程施工项目负责人的实际应用能力。

本书由王清训、吴小莎、陆文华、黄崇国、张清祥、高圣源、张惠兴等编写，王清训、吴小莎统稿。本书编写得到了中国机械工业建设集团有限公司、上海市安装工程有限公司教育培训中心、中国轻工建设有限公司、江苏华能建设集团公司和中国安装协会等单位的大力协作；在文稿审查和修改中，中坤汉能投资集团荆永强助理工程师承担了本书的编排、制图、校对和打印工作，在此一并表示衷心的感谢。

由于编者水平及经验所限，在编撰过程中，仍难免存在不足、甚至疏漏之处，殷切希望广大读者提出宝贵意见、批评指正，以便进一步修改完善。

目　　录

第1章　机电安装工程技术

1.1　机电安装工程专业技术

1.1.1　机电安装工程测量技术

机电安装工程测量是保证设备安装质量和保证工艺生产线达到安全运行，功能达到设计及规范要求目标的关键工作之一。工程测量包括控制网测量和施工过程控制测量两部分内容。它们之间的相互关系是：控制网测量是工程施工的先导，施工过程控制测量是施工进行过程的眼睛，两者的目标都是为了保证工程质量。

施工测量包括对建（构）筑物施工放样、建（构）筑物变形监测、工程竣工测量等。施工测量的首要工作也是要做好控制点布测。只有这样才能保证将设计的建（构）筑物位置正确地测设到地面上，作为施工的依据。

1.1.1.1　工程测量的原理

1. 水准测量原理

水准测量原理是利用水准仪和水准标尺，根据水平视线原理测定两点高差的测量方法。测定待测点高程的方法有高差法和仪高法两种。

（1）高差法——采用水准仪和水准尺测定待测点与已知点之间的高差，通过计算得到待测点的高程的方法。

（2）仪高法——采用水准仪和水准尺，只需计算一次水准仪的高程，就可以简便地测算几个前视点的高程。

例如：当安置一次仪器，同时需要测出数个前视点的高程时，使用仪高法是比较方便的。所以，在工程测量中仪高法被广泛地应用。

2. 基准线测量原理

基准线测量原理是利用经纬仪和检定钢尺，根据两点成一直线原理测定基准线。测定待定位点的方法有水平角测量和竖直角测量，这是确定地面点位的基本方法。每两个点位都可连成一条直线（或基准线）。

（1）保证量距精度的方法

返测丈量，当全段距离量完之后，尺端要调头，读数员互换，按同法进行返测往返丈量一次为一测回，一般应测量两测回以上。量距精度以两测回的差数与距离之比表示。

（2）安装基准线的设置

安装基准线一般都是直线，只要定出两个基准中心点，就构成一条基准线。平面安装基准线不少于纵横两条。

（3）安装标高基准点的设置

根据设备基础附近水准点，用水准仪测出的标志具体数值。相邻安装基准点高差应在0.5mm以内。

（4）沉降观测点的设置

沉降观测采用二等水准测量方法。每隔适当距离选定一个基准点与起算基准点组成水准环线。

例如：对于埋设在基础上的基准点，在埋设后就开始第一次观测，随后的观测在设备安装期间连续进行。

1.1.1.2 工程测量的程序与测量控制

1. 工程测量的基本程序

无论是建筑安装还是工业安装的测量，其基本程序都是：建立测量控制网→设置纵横中心线→设置标高基准点→设置沉降观测点→安装过程测量控制→实测记录等。

2. 平面控制测量

（1）平面控制测量的要求

1）平面控制网布设的原则：应因地制宜，既从当前需要出发，又适当考虑发展。

2）平面控制网建立的测量方法有三角测量法、导线测量法、三边测量法等。

3）平面控制网的等级划分：三角测量、三边测量依次为二、三、四等和一、二级小三角、小三边；导线测量依次为三、四等和一、二、三级。各等级的采用，根据工程需要，均可作为测区的首级控制。

4）平面控制网的坐标系统，应满足测区内投影长度变形值不大于2.5cm/km。

5）平面控制网的基本精度，应使四等以下的各级平面控制网的最弱边边长中误差不大于0.1mm。

（2）常用的测量仪器

测量仪器必须经过检定且在检定周期内方可投入使用。

例如光学经纬仪（如苏光J2经纬仪等）：它的主要功能是测量纵、横轴线（中心线）以及垂直度的控制测量等。光学经纬仪主要应用于机电工程建（构）筑物建立平面控制网的测量以及厂房（车间）柱安装铅垂度的控制测量，用于测量纵向、横向中心线，建立安装测量控制网并在安装全过程进行测量控制。

例如全站仪（如Nikon DTM-530E等）：全站仪是一种采用红外线自动数字显示距离的测量仪器。采用全站仪进行水平距离测量，主要应用于建筑工程平面控制网水平距离的测量及测设、安装控制网的测设、建安过程中水平距离的测量等。

3. 高程控制测量

（1）高程控制点布设的原则

1）测区的高程系统，宜采用国家高程基准。在已有高程控制网的地区进行测量时，可沿用原高程系统。当小测区联测有困难时，亦可采用假定高程系统。

2）高程测量的方法有水准测量法、电磁波测距三角高程测量法。常用水准测量法。

3）高程控制测量等级划分：依次为二、三、四、五等。各等级视需要，均可作为测区的首级高程控制。

（2）高程控制点布设的方法

1）水准测量法的主要技术要求：

①各等级的水准点，应埋设水准标石。水准点应选在土质坚硬、便于长期保存和使用方便的地点。墙水准点应选设于稳定的建筑物上，点位应便于寻找、保存和引测。

②一个测区及其周围至少应有3个水准点。水准点之间的距离，应符合规定。

③水准观测应在标石埋设稳定后进行。两次观测高差较大超限时应重测。当重测结果与原测结果分别比较，其较差均不超过限值时，应取三次结果的平均数。

2）设备安装过程中，测量时应注意：最好使用一个水准点作为高程起算点。当厂房较大时，可以增设水准点，但其观测精度应提高。

3）水准测量所使用的仪器，水准仪视准轴与水准管轴的夹角，应符合规定。水准尺上的米间隔平均长与名义长之差应符合规定。

（3）高程控制测量常用的测量仪器

1）S3光学水准仪主要应用于建筑工程测量控制网标高基准点的测设及厂房、大型设备基础沉降观察的测量。在设备安装工程项目施工中用于连续生产线设备测量控制网标高基准点的测设及安装过程中对设备安装标高的控制测量。

2）标高测量主要分两种：

①绝对标高测量和相对标高测量。

②绝对标高是指所测标高基准点、建（构）筑物及设备的标高相对于国家规定的±0.00标高基准点的高程。

③相对标高是指建（构）筑物之间及设备之间的相对高程或相对于该区域设定的±0.00标高基准点的高程。

1.1.1.3 机电安装工程测量方法的应用

1. 设备基础施工的测量方法

（1）首先设置大型设备内控制网。

（2）进行基础定位，绘制大型设备中心线测设图。

（3）进行基础开挖与基础底层放线。

（4）进行设备基础上层放线。

2. 连续生产设备安装的测量方法

（1）安装基准线的测设：中心标板应在浇灌基础时，配合土建埋设，也可待基础养护期满后再埋设。放线就是根据施工图，按建筑物的定位轴线来测定机械设备的纵、横中心线并标注在中心标板上，作为设备安装的基准线。设备安装平面基准线不少于纵、横两条。

（2）安装标高基准点的测设：标高基准点一般埋设在基础边缘且便于观测的位置。标高基准点一般有两种：一种是简单的标高基准点；另一种是预埋标高基准点。采用钢制标高基准点，应是靠近设备基础边缘便于测量处，不允许埋设在设备底板下面的基础表面。

例如：简单的标高基准点一般作为独立设备安装的基准点；预埋标高基准点主要用于连续生产线上的设备在安装时使用。

3. 管线工程测量

（1）管线工程测量包括给水排水管道、各种介质管道、长输管道等的测量。

（2）测量步骤：

1）根据设计施工图纸，熟悉管线布置及工艺设计要求，按实际地形作好实测数据，绘制施工平面草图和断面草图。

2）按平、断面草图对管线进行测量、放线并对管线施工过程进行控制测量。

3）在管线施工完毕后，以最终测量结果绘制平、断面竣工图。

（3）管线中心定位的测量方法

1）定位的依据：可根据地面上已有建筑物进行管线定位，也可根据控制点进行管线定位。

例如：管线的起点、终点及转折点称为管道的主点。其位置已在设计时确定，管线中心定位就是将主点位置测设到地面上去，并用木桩标定。

2）管线高程控制的测量方法：为了便于管线施工时引测高程及管线纵、横断面测量，应设管线敷设临时水准点。其定位允许偏差应符合规定。

例如：水准点一般都选在旧建筑物墙角、台阶和基岩等处。如无适当的地物，应提前埋设临时标桩作为水准点。

（4）地下管线工程测量

地下管线工程测量必须在回填前，测量出起、止点，窨井的坐标和管顶标高，应根据测量资料编绘竣工平面图和纵断面图。

4. 长距离输电线路钢塔架（铁塔）基础施工的测量

（1）长距离输电线路定位并经检查后，可根据起、止点和转折点及沿途障碍物的实际情况，测设钢塔架基础中心桩，其直线投点允许偏差和基础之间的距离丈量允许偏差应符合规定。中心桩测定后，一般采用十字线法或平行基线法进行控制，控制桩应根据中心桩测定，其允许偏差应符合规定。

（2）当采用钢尺量距时，其丈量长度不宜大于80m，同时不宜小于20m。

（3）考虑架空送电线路钢塔之间的弧垂综合误差不应超过确定的裕度值，一段架空送电线路，其测量视距长度，不宜超过400m。

（4）大跨越档距测量。在大跨越档距之间，通常采用电磁波测距法或解析法测量。

1.1.1.4 绘制工程测量竣工图的基本知识

1. 工程测量竣工图的作用

（1）机电工程测量竣工图是进行竣工验收时的重要资料之一。

（2）测量竣工图绘制的内容及深度反映出机电工程施工质量是否符合设计和规范的要求。竣工图既是机电工程施工过程及结果的真实记录，也是机电工程投产后是否能达产达标的重要保障内容之一。

例如：对某汽轮发电机组在负荷运行时，其振幅严重超标导致无法进行正常运行的情况进行分析时，将依据安装测量竣工图及数据来复测汽轮机底座及发电机底座的纵横中心线和标高以及联轴器的径向和轴向的同心度，以此来判定安装质量是否符合设计和规范的要求。

2. 测量竣工图的绘制

（1）机电工程测量竣工图的绘制包括安装测量控制网的绘制，安装过程及结果的测量图的绘制。

例如：长输给水管线测量竣工图的绘制；长输动力管线（热力管线、煤气管线等）测量竣工图的绘制；工艺管线（各种化学液体管道、气体管道）测量竣工图的绘制等。

（2）绘制测量竣工图要求：

1）实测数据与竣工图上的坐标点必须是一一对应的关系。

2）竣工图中所采用的坐标、图例、比例尺、符号等一般应与设计图相同，以便设计单位、建设单位使用。

1.1.2 机电安装工程常用材料

1.1.2.1 常用金属材料的类型

金属材料分为黑色金属和有色金属两大类，铁和铁基合金称为黑色金属；黑色金属以外的金属称为有色金属。

1. 黑色金属

黑色金属包括生铁和钢；钢包括碳素钢和合金钢等。

（1）碳素钢：按含碳量划分为低碳钢、中碳钢、高碳钢；按钢的质量划分为：普通碳素钢、优质碳素钢；按钢的用途划分为：碳素结构钢、碳素工具钢；按冶炼时脱氧程度不同划分为：沸腾钢、镇静钢、半镇静钢。

（2）合金钢：按所含合金元素总量划分为：低合金钢、中合金钢、高合金钢。按用途划分为：合金结构钢、合金工具钢和特殊性能钢。

（3）按形状划分为：型钢（圆钢、方钢、扁钢、H 型钢、工字钢、T 型钢、角钢、槽钢和钢轨等）；板材（厚钢板、中厚板、薄钢板；热轧板和冷轧板）；管材（常用的有普通无缝钢管、螺旋缝钢管、焊接钢管、无缝不锈钢管、高压无缝钢管等）；钢制品（常用的有管件、阀门、焊接材料等）。

2. 有色金属

有色金属分为贵金属、稀有金属、重有色金属和轻有色金属。常用的有色金属有铜和铜合金、铝和铝合金、锌和锌合金等。

1.1.2.2 常用非金属材料的类型

1. 高分子材料

高分子材料按来源可分为天然、半合成和合成高分子材料；按特性分橡胶、纤维、塑料、胶粘剂等；按用途又可分为普通高分子材料和功能高分子材料。

2. 无机非金属材料

机电工程中常用的无机非金属材料主要有砌筑材料、绝热材料、非金属管材、非金属风管材料、塑料制品、耐火材料、水泥、玻璃棉、陶瓷等。

1.1.2.3 常用电工线材的类型

（1）电线电缆用以传输电能信息和实现电磁能转换，常用的有：BLX 型、BLV 型铝芯电线；BX 型、BV 型铜芯电线；RV 型铜芯软线；BVV 型多芯软线。

（2）电力电缆用以输配电。常用的有：VLV 型、VV 型；VLV 型、VV22；VLV32 型、VV32 型；YFLV 型、YJV 型电力电缆和 KVV 型控制电缆等。

（3）母线槽。有始端母线、直线段、连接器、接线盒、出线盒、组合插座等组成。

（4）电缆桥架。分为 XQJ 系列电缆桥架、铝合金电缆桥架、防火桥架、玻璃钢桥架等。

1.1.2.4　常用通风空调材料的类型

主要有送风口、排烟防火阀、风量调节阀、消声器等。

1.1.2.5　常用材料的应用

1. 黑色金属材料的应用

（1）普通碳素钢可用作一般结构钢和工程用钢，适合生产各种型钢、钢筋、钢丝等，可用来制造薄钢板、中厚钢板、钢结构、焊接钢管等。

（2）优质碳素结构钢常用于制作需要经过热处理的各种比较重要的机械结构零件，如可制成紧固件、焊接件、连杆、曲轴、钢丝、圆钢、高强螺栓及预应力锚具等。

（3）低合金结构钢主要用于制造要求较高的工程结构，如：焊接结构件、桥梁、船舶、锅炉汽包、压力容器、压力管道等工程结构。

（4）铬不锈钢用于制造在腐蚀介质中工作的机械零件和工具。铬镍不锈钢主要用于制造各种在强腐蚀介质中工作的设备，如吸收塔、储槽、管道和压力容器等。

（5）耐热钢常用于压力容器的球罐制作。

（6）耐磨钢主要用于承受严重磨损和强烈冲击的零件，如车辆履带、破碎机颚板、球磨机衬板等。

（7）型钢主要用于钢结构工程、各种容器的骨架、各种类型的支（吊）架、电站锅炉钢架的立柱、梁等。

（8）薄板主要用于通风空调工程和保护壳等；中板主要用于大型球罐、储罐、锅炉汽包等容器工程。

（9）普通无缝钢管广泛用于中、低压管道工作中，如热力管道、制冷管道、压缩空气管道、氧气管道、氢气管道、乙炔管道以及强腐蚀性介质以外的化工管道等。

（10）螺旋缝钢管常用于室外煤气、天然气及输油管道等。

（11）焊接钢管常用于输送低压流体如水、燃气、空气、油、低压蒸汽等流体的管道。

（12）无缝不锈钢管广泛用于食品工业、医药制品工业、印染及皮革制品等纺织、轻工业，以及有较强腐蚀性介质的管道。

（13）高压无缝钢管用于制造锅炉设备及管道工程用的高压、超高压管道。在工业管道工程中主要用于输送高压蒸汽、水和高温高压含氢介质液体等。

2. 管件及焊材的应用

（1）法兰是配管设计、管件、阀门中必不可少的零件，是设备、设备零部件（如人孔、手孔、视镜、液面计等）中必备的构件。按设备和设计要求选用。

（2）弯头和三通是用于改变系统中管路方向的管件。按设计要求选用。

（3）阀门是通过改变流道面积的大小来控制流体流量、压力和流向的机械产品，具有截止、调节、导流、防止逆流、稳压、分流或溢流泄压等功能，用于控制水、蒸汽、油品、气体、泥浆、各种腐蚀性介质、液态金属和放射性流体等各种类型流体的流动。按设计要求选用。

（4）酸性焊条仅适用于一般低碳钢和强度较低的普通低碳钢结构的焊接。碱性焊条广泛用于焊接重要的焊接结构。

（5）低碳钢焊丝用于焊接碳钢和低合金钢。不锈钢焊丝、铜焊丝等应用于不锈钢、铜及铜合金焊接。

3. 有色金属材料的应用

（1）工业纯铜常用于制作电器零件、导线、传热器和配制铜合金。工业上常用的是黄铜、青铜和白铜的铜合金。如滑动轴承等。

（2）纯铝常取代纯铜制作导线、电缆及要求不高的器具。铝合金用于电气工程、航天工程和汽车等机械制造业，以及制造油罐、飞机上的骨架零件、大梁等。

（3）锌及锌合金广泛应用于其他金属的防锈涂层；用于压铸较大铸件及仪表、汽车零件外壳；制作机床、水泵的轴承等。

4. 常用非金属材料的应用

（1）砌筑材料在机电工程中，一般用于各类型炉窑砌筑工程，如各种类型的锅炉炉墙砌筑、冶炼炉砌筑、窑炉砌筑等。

（2）绝热材料常用于保温、保冷的各类容器、管道、通风空调管道等绝热工程。

（3）陶瓷制品、油漆及涂料、塑料制品、橡胶制品、玻璃钢及其制品主要用于防腐蚀工程中。

（4）非金属风管板材适用范围：酚醛复合风管，适用于低压、中压空调系统及潮湿环境；聚氨酯复合风管，适用于低压、中压、高压洁净空调系统及潮湿环境；玻璃纤维复合风管，适用于中压（1000Pa）以下的空调系统；无机玻璃钢风管，适用于低压、中压、高压空调及防排烟系统；硬聚氯乙烯风管，适用于洁净室含酸碱的排风系统。

（5）塑料及复合材料水管：聚乙烯塑料管可用于输送生活用水。环氧树脂涂塑钢管适用于给水排水、海水、温水、油、气体等介质的输送；聚氯乙烯（PVC）涂塑钢管适用于排水、海水、油、气体等介质的输送。ABS工程塑料管使用温度为 $-20 \sim 70℃$，压力等级分为B、C、D三级。聚丙烯管（PP管）按压力分为Ⅰ、Ⅱ、Ⅲ型，其常温下的工作压力为：Ⅰ型为0.4MPa、Ⅱ型为0.6MPa、Ⅲ型为0.8MPa。硬聚氯乙烯排水管及管件用于建筑工程排水和工业排水系统。

5. 常用电工线材的应用

（1）BLX型、BLV型：铝芯电线，由于重量轻，通常用于架空线路、长输电线路上。

（2）BX型、BV型：铜芯电线，广泛用于机电工程中。例如办公场所或家庭照明。

（3）RV型：铜芯软线，主要用于需柔性连接的可动部位。例如电焊机到焊钳之间的连接线。

（4）BVV型：用于电气设备内配线，例如家用电器内的固定接线，前辍有ZR表示的阻燃型电线，用在需阻燃的场所或与火灾报警系统有关的线路中。

（5）VLV型、VV型电力电缆：不能承受机械外力作用，适用于室内、隧道内和管道内敷设。

（6）VLV型、VV22型电力电缆：不能承受大的拉力作用，适用于敷设地下的线路。

（7）VLV32型、VV32型电力电缆：既能承受机械外力作用，又能承受大的拉力作用。适用于竖井内、高层建筑的电缆竖井内，且适用于潮湿场所。

（8）YFLV型、YJV型电力电缆：主要用作高压电力电缆。

（9）KVV型控制电缆：适用于室内各种敷设方式的控制电路中。家用的220V电线就属这一类。

（10）母线槽特别适用于高层建筑、多层工业厂房、标准厂房、机床密集的车间、产品多变的车间、实验室等场所，作为电力馈电及配电之用。

（11）XQJ 系列钢质电缆桥架适用于电压在 10kV 以下的电力电缆以及控制电缆、照明配线等室内、室外架空电缆的敷设。

（12）铝合金电缆桥架具有高抗蚀性能、重量轻、载荷大、外形美观、施工方便等。

（13）防火桥架：该产品适用于 10kV 以下电力电缆，以及控制电缆照明配线等室内室外架空电缆沟、隧道的敷设。可广泛用于隧道、地下公共设施等场合。

（14）玻璃钢桥架适用于石油、化工、冶金、电力部门、地下室等腐蚀性较大的场所，它的使用寿命是铁制桥架的 5～6 倍。

6. 常用通风空调材料的应用

送风口：百叶风口适用于全空气系统的侧送风口，既用于公共建筑的舒适性空调也适用于精度较高的工艺性空调。散流器适用于公共建筑舒适性空调。喷射式送风口适用于公共建筑舒适性空调和高大厂房的一般空调。条形送风口适用于公共建筑的舒适性空调。旋流送风口适用于公共建筑（影剧院，体育馆等）和各类工业厂房的空调工程。

排烟防火阀一般安装在机械排烟系统上，当排烟管道内烟气温度达到 280℃ 时关闭，在一定时间内满足漏烟量和耐火完整性要求，起隔烟阻火作用。

风量调节阀用于调节支管的风量，也用于调节新风与回风的混合量。

消声器用于降低空气动力设备（如鼓风机、空压机）的气流通道上或进、排气系统中的噪声。

1.1.3 起重技术

在机电设备安装工程中，起重技术是一项极为重要的关键技术。随着我国工程建设向标准化、工厂化、大型化、集成化方向发展，吊装的重量不断上升，难度越来越大，各类重型设备和大型构件越来越多，对起重技术的要求也越来越高。

1.1.3.1 主要起重机械与吊具的使用要求

1. 起重机械的分类、基本参数及载荷处理

（1）起重机械的分类

起重机械可分为两大类：轻小起重机具和起重机。

1）轻小起重机具：千斤顶（齿条、螺旋、液压）、滑轮组、葫芦（手动、电动）、卷扬机（手动、电动、液动）、悬挂单轨吊等。

2）起重机：桥架式（桥式起重机、门式起重机）、缆索式、臂架式（自行式、塔式、门座式、铁路式、浮式、桅杆式起重机）。

3）建筑、安装工程常用的起重机有自行式起重机、塔式起重机、门座式起重机和桅杆式起重机。自行式起重机分为汽车式、履带式、轮胎式三类。

（2）起重机的基本参数

主要有额定起重量、最大幅度、最大起升高度和工作速度等，这些参数是制定吊装技术方案的重要依据。

（3）载荷处理

1）动载荷：起重机在吊装重物运动的过程中，要产生惯性载荷，习惯上把这个惯性载

荷称为动载荷。在起重工程中，以动载荷系数计入其影响。一般取动载荷系数 K_1 为1.1。

2）不均衡载荷：在多分支（多台起重机、多套滑轮组、多根吊索等）共同抬吊一个重物时，由于工作不同步这种现象称为不均衡。在起重工程中，以不均衡载荷系数计入其影响。一般取不均衡载荷系数 K_2 为 $1.1 \sim 1.2$。

3）计算载荷：在起重工程的设计中，为了计入动载荷、不均衡载荷的影响，常以计算载荷作为计算依据。计算载荷的一般公式为：

$$Q_j = K_1 \times K_2 \times Q$$

式中　Q_j——计算载荷；

　　　Q——设备及索吊具重量。

4）风载荷概念：吊装过程常受风的影响，尤其在北方和沿海、起升高度较高、重物体积较大的场合，风的影响仍不可忽视，风力对起重机、重物等的影响称为风载荷。

2. 自行式起重机的选用

（1）自行式起重机的选用选择步骤

必须按照自行式起重机的特性曲线进行选用。

1）根据被吊装设备或构件的就位位置、现场具体情况等确定起重机的站车位置，站车位置一旦确定，其幅度也就确定了。

2）根据被吊装设备或构件的就位高度、设备尺寸吊索高度等和站车位置（幅度），由起重机的特性曲线确定其臂长。

3）根据上述已确定的幅度、臂长，由起重机的特性曲线确定起重机能够吊装的载荷。

4）如果起重机能够吊装的载荷大于被吊装设备或构件的重量，则起重机选择合格，否则重选。

（2）自行式起重机的基础处理

自行式起重机，尤其是汽车式起重机，在吊装前必须对站车位置的地基进行平整和压实，按规定进行沉降预压试验。在复杂地基上吊装重型设备，应请专业人员对基础进行专门设计，验收时同样要进行沉降预压试验。

3. 桅杆式起重机的使用要求

桅杆式起重机是非标准起重机，一般用于受到现场环境的限制，其他起重机无法进行吊装的场合。

（1）桅杆式起重机的基本结构与分类

1）桅杆式起重机由桅杆本体、起升系统、稳定系统、动力系统组成。

2）桅杆本体包括桅杆、基座及其附件。桅杆按结构形式可分为：格构式和实腹式（一般为钢管）起重机。

3）起升系统主要由滑轮组、导向轮和钢丝绳等组成。

4）稳定系统主要包括缆风绳、地锚等。

5）动力系统主要是电动卷扬机，也有采用液压装置的。

（2）缆风绳拉力的计算及缆风绳的选择

缆风绳是桅杆式起重机的稳定系统，它直接关系到起重机的安全工作，也影响着桅杆的轴力。缆风绳的拉力分为工作拉力和初拉力。

1）初拉力是指桅杆在没有工作时缆风绳预先拉紧的力。一般按经验公式，初拉力取工作拉力的 15% ~ 20% 。

2）缆风绳的工作拉力是指桅杆式起重机在工作时，缆风绳所承担的载荷。在正确的缆风绳工艺布置中，总有一根缆风绳处于吊装垂线和桅杆轴线所决定的垂直平面内，这根缆风绳称为"主缆风绳"。

3）进行缆风绳选择的基本原则是所有缆风绳一律按主缆风绳选取。

进行缆风绳选择时，以主缆风绳的工作拉力与初拉力之和为依据，即：

$$T = T_g + T_c$$

式中　　T_g——主缆风绳的工作拉力；

　　　　T_c——主缆风绳的初拉力。

（3）地锚的种类、地锚的计算

目前常用的地锚类型有：全埋式、半埋式、活动式和利用建筑物数种。

1）全埋式地锚可以承受较大的拉力，适合于重型吊装。计算其强度时通常需根据土质情况和横梁材料验算其水平稳定性、垂直稳定性和横梁强度。

2）活动式地锚承受的力不大，适合于改、扩建工程。计算其强度时需要计算其水平稳定性和垂直稳定性。

在工程实际中，还常利用已有建筑物作为地锚，如混凝土基础、混凝土柱等，但在利用已有建筑物前，必须获得建筑物设计单位的书面认可。

4. 索、吊具及牵引装置的选用原则

（1）钢丝绳的选用

1）钢丝绳一般由高碳钢丝捻绕而成。起重工程中常用钢丝绳的钢丝强度极限有：1400MPa（1400N/mm^2）、1550MPa、1700MPa、1850MPa、2000MPa 等数种。

2）钢丝绳的规格较多，起重工程常用的为：$6 \times 19 + 1$、$6 \times 37 + 1$、$6 \times 61 + 1$ 三种。在同等直径下，$6 \times 19 + 1$ 钢丝绳中的钢丝直径较大，强度较高，但柔性差，常用作揽风绳。$6 \times 61 + 1$ 钢丝绳中的钢丝最细，柔性好，但强度低。$6 \times 37 + 1$ 钢丝绳的性能介于上述二者之间。上述后两种常用作滑轮组的钢丝绳（俗称跑绳）和吊索。

3）在起重工程中，用作缆风绳的安全系数不小于 3.5，用作滑轮组跑绳的安全系数一般不小于 5，用作吊索的安全系数一般不小于 8，如果用于载人，则安全系数不小于 10 ~ 12。

4）使用较长时间后的钢丝绳会出现磨损、锈蚀和断丝，使其破断拉力明显降低，应停止使用，立即更换。

5）钢丝绳附件：为保证钢丝绳的正确使用，在使用钢丝绳时，常需要用套环（又称吊环、卡环）和绳卡等附件。

6）吊索，俗称千斤绳、绳扣，用于连接起重机吊钩和被吊装设备。

（2）滑轮组

1）滑轮组的规格、型号较多，起重工程中常用的是 H 系列滑轮组。

2）滑轮组的正确使用主要包括：滑轮组的穿绕方法；滑轮组的最短极限距离；滑轮组轮槽与钢丝绳直径匹配；钢丝绳在滑轮组中的偏角。

（3）卷扬机

1）起重工程中一般采用慢速卷扬机。

2）选择电动卷扬机的额定拉力时，应注意滑轮组跑绳的最大拉力不能大于电动卷扬机额定拉力的85%。

3）卷扬机使用时应注意：钢丝绳应从卷筒下方绕入卷扬机，以保证卷扬机的稳定；卷筒上的钢丝绳不能全部放出，至少保留3～4圈，以保证钢丝绳固定端的牢固；应尽可能保证钢丝绳绕入卷筒的方向在卷筒中部与卷筒轴线垂直，以保证卷扬机受力的对称性；卷扬机与最后一个导向轮的最小距离不得小于25倍卷筒长度，以保证当钢丝绳绕到卷筒一端时与中心线的夹角符合规定。

1.1.3.2 常用的吊装方法和吊装方案的选用原则

1. 常用的吊装方法

（1）对称吊装法：适用于在车间厂房内和其他难以采用自行式起重机吊装的场合。

（2）滑移法吊装法：主要针对自身高度较高的高耸设备或结构，如化工厂中的塔类设备、火炬塔架、电视发射塔、桅杆、烟囱、广告塔架等。国家大剧院"蛋壳"的弧形桁架梁、奥运主场馆"鸟巢"的门式刚架、钢结构大厦中的立柱、斜支撑柱等皆属于这类结构。

（3）旋转吊装法：其基本原理是将设备或构件底部用旋转铰链与其基础连接，利用起重机使设备或构件绕铰链旋转，达到直立。其中：人字桅杆扳立旋转法主要针对特别高和特别重的高耸塔架类结构；液压装置顶升旋转法主要针对卧式运输、立式安装的设备，适合应用在某些吊装空间特别狭窄或根本没有吊装空间的场合，如地下室、核反应堆中；无锚点推吊旋转法实际上是"人字桅杆扳立旋转法"的一种扩展应用，适用于场地特别狭窄，无法布置缆风绳，同时设备自身具有一定刚度的场合，如：石化厂吊装大型塔、火炬和构件等。

（4）超高空斜承索吊运设备吊装法：适用于在超高空吊装中小型设备、山区的上山索道。如上海东方明珠高空吊运设备。

（5）计算机控制集群液压千斤顶整体吊装法：适用大型设备与构件的吊装，其方法特点可以概括为：液压千斤顶（提升油缸）多点联合吊装、钢绞线悬挂承重、计算机同步控制。目前该方法有两种方式："上拔式"和"爬升式"，如：大型龙门起重机吊装、体育场馆、机场候机楼结构吊装等。

（6）万能杆件吊装法：在吊装中的应用。"万能杆件"由各种标准杆件、节点板、缀板、填板、支撑靴组成。可以组合、拼装成桁架、墩架、塔架或龙门架等形式，常用于桥梁施工中。

（7）气（液）压顶升法：其工作原理是提高和保持罐内一定的空气压力，利用罐内外空气压力差将大型贮罐上部向上顶升，稳定在要求的高度，如油罐的倒装法、电厂发电机组等。

大型设备和构件整体吊装技术为建筑业推广的十项新技术之一。

2. 吊装方案的编制与方案选用

（1）吊装方案的编制

1）吊装方案编制的主要依据：

①有关规程、规范，它们对吊装工程提出了技术要求。

②施工总组织设计，它们对吊装工程提出了进度要求。

③被吊装设备（构件）的设计图纸及有关参数、技术要求等。

④施工现场条件，包括场地、道路、障碍等。

⑤机具情况，包括现有的和附近可租赁的情况，以及租赁的价格、进场的道路、桥梁和涵洞等。

⑥工人技术状况和施工习惯等。

2）吊装方案编制的主要内容：

①工程概况；包括工程的规模、地点、施工季节、业主、设计者；现场环境条件、现场平面布置：（一般用图纸表达）设备的工艺作用、工艺特点、特性、几何形状、尺寸、重量、重心等（一般用图纸和表格表达）；机具情况（自有和可租赁）、工人技术状况；执行的国家法律、法规、规范、标准等，要特别注意规范中的强制性条文；整个方案中的所有原始数据。

②按方案选择的原则、步骤，进行比较、选择，并得出结论，确定采用的方案。（应包括选择过程中必要的计算、分析和表格）。

③针对已确定的方案进行工艺分析和计算，在工艺分析和计算的基础上进行工艺布置。进行此项工作时应特别注意对安全性的分析和安全措施的可靠性分析。

④详细绘制吊装施工平面布置图和立面布置图，图中还应特别注意警戒区的设置。

⑤施工步骤与工艺岗位分工。如"试吊"步骤中，须详细写明：吊起设备的高度、停留时间、检查部位、是否合格的判断标准、调整的方法和要求等。在工艺岗位分工中，应明确每一个参加吊装施工人员的岗位分工和职责，以做到施工有序。

⑥工艺计算：包括受力分析与计算、机具选择、被吊设备（构件）校核等。

⑦安全技术措施必须具体、明确，吊装工程安全操作规程中，与方案有关的部分也应该加入。

⑧编制进度计划。

⑨资源计划：包括人力、机具、材料计划等。

⑩成本核算：必须对安全或进度均符合要求的施工方案进行最低成本核算，选择成本较低的吊装方法。如选择大型机械吊装时，要考虑机械台班费和大型机械进出厂费用。

（2）吊装方案的选用

1）吊装方案的选用原则

安全、有序、快捷、经济。

2）吊装方案的选用要求

①技术可行性论证：根据设备特点、现场条件，研究在技术上可行的吊装方法。例如，进行超高层建筑的上部塔楼结构或设备吊装，由于超高层建筑的楼群面积较大，如采用自行式起重机进行吊装，因起重机靠近塔楼，而从技术上不可行。

②安全性分析：包括质量安全（设备或构件在吊装过程中的变形、破坏）和人身安全（造成人身伤亡的重大事故）两方面。例如自行式起重机吊装体长卧式构件，如不采取措施，构件会发生平面外弯曲和扭转变形而破坏。又如在软地基上采用汽车式起重机吊装重型设备，如不对地基进行特殊处理，则可能在吊装过程中发生地基沉陷而导致起重机倾覆，发生重大吊装事故。

③进度分析：工程中吊装往往制约着整个工程的进度，必须对不同的吊装方法进行工

期分析。不同的吊装方法，其施工需要的工期不一样，如采用桅杆吊装的工期要比采用自行式起重机吊装的工期长得多。

④成本分析

必须在保证吊装安全可靠的前提下，进行成本分析、比较和控制。

⑤根据具体情况进行分析比较，做综合选择。

1.1.4 焊接技术

1.1.4.1 常用的焊接方法及选用

1. 常用的焊接方法

（1）熔焊：焊接过程中，将焊件接头加热至熔化状态，不加压力完成焊接的方法称为熔焊。常用的熔焊方法有焊条电弧焊、CO_2 气体保护焊、氩弧焊、气焊、电渣焊、等离子焊等。熔焊适用于碳素钢、低合金钢、不锈钢、铸铁、有色金属及镍基合金的焊接。

（2）压焊：焊接过程中，必须对焊件施加压力（加热或不加热），以完成焊接的方法称为压焊。常用的压焊方法有电阻焊（对焊、点焊、缝焊）、摩擦焊、冷压焊、超声波焊、锻焊等。压焊适用于低碳钢、合金钢、不锈钢；铝、钛合金型钢、钢管等的焊接，较多用于车辆、航空技术和轻工业领域。

（3）钎焊：焊接过程中，采用比母材熔点低的金属材料作钎料，将焊件和钎料加热到高于钎料熔点、低于母材熔点的温度，利用液态钎料润湿母材，填充接头间隙并与母材相互扩散实现连接焊件的方法。常用的钎焊方法有火焰钎焊、感应钎焊、炉中钎焊、盐浴钎焊和真空钎焊等。钎焊适用于低碳钢、合金钢、不锈钢；铜合金等多种金属材料的焊接。

2. 选用焊接方法应考虑的因素

包括：焊接质量的可靠程度、生产率、生产费用；与工件的厚度、结构类型、接头形式和母材性能的匹配；技术上合理、经济上合适。

1.1.4.2 常用焊接材料和焊接设备的选用

1. 焊接材料的选用

（1）焊条的选用原则

1）低碳钢、中碳钢和低合金钢可按其强度等级来选用相应强度的焊条。

2）对于塑性、冲击韧性和抗裂性能要求较高，低温条件下工作的焊缝应选用碱性焊条；当受某种条件限制而无法清理低碳钢焊件坡口处的铁锈、油污和氧化皮等脏物时，应选用对铁锈、油污和氧化皮敏感性小和抗气孔性能较强的酸性焊条。

3）异种钢的焊接如低碳钢与低合金钢、不同强度等级的低合金钢焊接，一般选用与较低强度等级钢材相匹配的焊条。

4）铬钼耐热钢和铬镍奥氏体不锈钢一般选用与钢材化学成分相似的焊条，或根据焊件的工作温度来选取。

（2）焊丝和焊剂的选配

1）低碳钢的焊接可选用高锰高硅型焊剂，配合 H08MnA 焊丝，或选用低锰、无锰型焊剂配 H08MnA 和 H10MnZ 焊丝。低合金高强度钢的焊接可选用中锰中硅或低锰中硅型焊剂配合与钢材强度相匹配的焊丝。

2）耐热钢、低温钢、耐蚀钢的焊接可选用中硅或低硅型焊剂配合相应的合金钢焊

13

丝。铁素体、奥氏体等高合金钢，一般选用碱度较高的熔炼焊剂或烧结、陶质焊剂，以降低合金元素的烧损及掺加较多的合金元素。

（3）保护气体

1）碳钢、低合金钢和不锈钢的钨极惰性气体保护焊一般采用 Ar 或 Ar + He 的混合气体；而熔化极气体保护焊则采用 Ar + CO₂、Ar + O₂、Ar + CO₂ + O₂ 的混合气体。

2）有色金属及其合金、镍及其合金、高温合金和难熔金属的焊接，无论是 TIG 焊还是 MIG 焊，均采用 Ar 或 Ar + He 混合气体。

3）CO₂ 气体是唯一适合于焊接的单一活性气体，它的特点是焊速高、熔深大、成本低等，广泛用于碳钢、低合金钢的焊接。

2. 常用的焊接设备及选用

（1）焊条电弧焊设备简单，电源有交流、直流两种。交流为弧焊变压器，直流为弧焊整流器（再分为晶闸管式、晶体管式和逆变式）。

（2）埋弧焊设备由焊接小车、电源、控制箱组成。电源有交流、直流两种，大多采用晶闸管式弧焊整流器，满足对焊缝质量的高要求。

（3）钨极氩弧焊设备按电流种类可分为交流、直流、交直流两用、脉冲电源等，电源种类和极性选择与被焊材料有关。钨极氩弧焊常用焊机型号有 WSJ‐400‐1、WSE5‐315、WS‐300、WZE‐500、WSM‐250。

（4）熔化极气体保护焊设备

1）CO₂ 气体保护焊焊机可分半自动焊机和自动焊机两种类型，通常采用直流电源，有利于调节焊接规范、控制飞溅等。

2）熔化极氩弧焊，生产效率高，可焊厚度大，施焊位置广。可应用于铝及铝合金、不锈钢中、厚板材及管道的焊接。

（5）焊接方法不同，使用的焊接设备也不同。在选用时主要考虑焊接结构形式、焊接材料、施工条件等，还要考虑经济性、安全性、先进性和适用性。

1.1.4.3 焊接工艺评定

1. 焊接工艺评定

焊接工艺评定是指为验证所拟定的焊件焊接工艺的正确性而进行的试验过程及结果评价。焊接工艺评定是从焊接工艺角度考虑，确保钢结构及钢制压力容器焊接接头使用性能的重要措施。它是按照所拟定的焊接工艺（包括焊前准备、焊接规范、坡口形式、焊接材料、焊接设备、焊接方法、焊接顺序、焊前预热、焊后热处理等），根据标准所规定的焊接试件，检验试样焊接后测定焊接接头是否具备所要求的力学性能。最终目的在于验证所制定的焊接工艺的正确性，以及焊接接头的使用性能是否符合要求。一旦焊接工艺评定被确认，即可制定产品"焊接工艺规程"，作为焊接生产的依据。

2. 焊接工艺评定的规则

（1）焊接工艺评定所使用的材料（钢材和焊接材料）在使用前，必须经过严格的焊接性试验。用作焊接工艺评定的设备、仪表和辅助机械均处于正常工作状态。试件需由本单位的合格持证焊工使用本单位焊接设备进行焊接。

（2）焊接工艺评定确定时需注意钢种、焊接材料、保护气体、焊接方法、焊接层数、接头形式、坡口形式、焊后热处理、焊接规范参数、焊接位置、电源特性等条件的变化。

这些条件的变化，如超过一定的规定值则重新做评定。

（3）焊接工程师主持评定工作、对焊接及试验结果进行综合评定、确认评定结果。

（4）经审查批准后的评定资料可在同一质量管理体系内通用。

3. 焊接工艺评定适用范围

焊接工艺评定适用于锅炉、压力容器、压力管道、桥梁、船舶、航天器、核能以及承重钢结构等钢制设备的制造、安装、检修工作。适用于气焊、焊条电弧焊、钨极氩弧焊、熔化极气体保护焊、埋弧焊、等离子弧焊、电渣焊等焊接方法。

4. 焊接工艺评定的程序

拟定焊接工艺评定试验计划；焊接工艺评定任务书；焊接工艺评定试验（包括焊接试板、焊接无损检测、力学性能试验等）；编写焊接工艺评定报告；编制焊接工艺规程。

1.1.4.4 焊接质量检验

1. 焊前检查

（1）原材料检查。包括对母材、焊条（焊丝）、焊剂、保护气体、电极等进行检查，是否与合格证及国家标准相符合，检查包装是否破损、过期等。

（2）技术文件的检查。对焊接结构设计及施焊技术文件的检查要审查焊件结构是否设计合理、便于施焊、易保证焊接质量；检查工艺文件上工艺要求是否齐全、表达清楚。新材料、新产品、新工艺施焊前应检查是否进行了焊接工艺试验。

（3）焊接设备检查。包括焊接设备型号、电源极性是否符合工艺要求，焊炬、电缆、气管和焊接辅助工具，安全防护等是否齐全。

（4）工件装配质量检查。主要检查装配质量是否符合图样要求，坡口表面是否清洁、装夹具及点固焊是否合理，装配间隙和错边量是否符合要求，是否要考虑焊接收缩量。

（5）检查焊工资格是否在有效期限内，考试项目是否与实际焊接相适应。从事《特种设备安全监察条例》中规定的锅炉、压力容器、压力管道、电梯、起重机械、客运索道、大型游乐设施等的焊接人员需按照《特种设备焊接操作人员考核细则》（TSGZ6002-2010）进行考核，合格后担当。

（6）焊接环境检查。对焊接场所可能遭遇的环境温度、湿度、风、雨等不利条件，采取的可靠防护措施。

2. 焊接中检验

（1）是否执行焊接工艺要求，包括焊接方法、焊接材料、焊接规范（电流、电压、线能量）、焊接顺序、焊接变形及温度控制。

（2）多层焊层间是否存在裂纹、气孔、夹渣等焊接缺陷，是否已清除。

（3）焊接设备运行是否正常，包括焊接电源、送丝机构、滚轮架、焊剂托架、冷却装置、行走机构等。

3. 焊后检验

（1）外观检验：利用低倍放大镜或肉眼观察焊缝表面是否有咬边、夹渣、气孔、裂纹等表面缺陷。用焊接检验尺测量焊缝余高、焊瘤、凹陷、错口等。检验焊件是否变形。

（2）致密性试验

1）液体盛装试漏：不承压设备，直接盛装液体，试验焊缝致密性。

2）气密性试验：用压缩空气通入容器或管道内，外部焊缝涂肥皂水检查是否有鼓泡渗漏。

3）氨气试验：焊缝一侧通入氨气，另一侧焊缝贴上浸过酚酞—酒精、水溶液的试纸，若有渗漏，试纸上呈红色。

4）煤油试漏：在焊缝一侧涂刷白垩粉水，另一侧浸煤油。如有渗漏，煤油会在白垩上留下油渍。

5）氦气试验：通过氦气检漏仪来测定焊缝致密性。

6）真空箱试验：在焊缝上涂肥皂水，用真空箱抽真空，若有渗漏，会有气泡产生。适用于焊缝另一侧被封闭的场所，如储罐罐底焊缝。

（3）强度试验

1）液压强度试验常用水进行，试验压力为设计压力的 1.25～1.50 倍。

2）气压强度试验用气体为介质进行强度试验，试验压力为设计压力的 1.15～1.20 倍。

（4）常用的非破坏性检验

射线检验（RT）、超声波检验（UT）、渗透检验（PT）、磁粉检验（MT）。

（5）常用的破坏性检验

拉伸试验、弯曲试验、冲击试验、硬度试验、焊接接头的金相试验、焊缝金属的化学分析试验。

1.1.4.5　常见的焊接缺陷

1. 常见的外部缺陷

常见的外部缺陷有：焊缝成型差、焊缝尺寸不符合要求、咬边、错边、弧坑、表面气孔、表面裂纹、焊接变形。

2. 常见的内部缺陷

常见的内部缺陷有：气孔、夹渣、未熔合、未焊透、内部裂纹。

1.1.4.6　焊接应力与变形的控制

1. 焊接应力与变形产生的原因

焊接时，由于局部高温加热而造成焊件上温度分布不均匀，最终导致在结构内部产生了焊接应力与变形。焊接应力是引起脆性断裂、疲劳断裂、应力腐蚀断裂和失稳破坏的主要原因。另外，焊接变形也使结构的形状和尺寸精度难以达到技术要求，直接影响结构的制造质量和使用性能。

2. 防止和减少焊接应力和焊接变形的措施

（1）防止和减少焊接应力的方法有：预热法、加热"减应区"法、合理选择焊接工艺参数和敲击法。

（2）防止和减少焊接变形的方法有：反变形法、确定合理的装配焊接程序、选择合理的焊接顺序、刚性固定法和散热法。

1.1.4.7　焊接作业安全技术

1. 焊接作业的危害

焊接作业对焊接人员及周围设施、设备、环境带来的职业危害种类多，危害大。焊接作业大多数属于明火作业，具有高温、高压、易燃易爆的危险，电弧焊时还有金属飞溅、烟尘、金属粉尘、弧光辐射等危险因素。因此，焊接作业时如不严格遵守安全操作规程，则可能造成火灾、触电、爆炸、中毒、灼伤、高空坠落等事故。

2. 焊接作业危害的防治措施

为了降低、控制和消除焊接作业的危害，必须采取一系列有效的防治措施。

（1）提高焊接技术，改进焊接工艺和材料，提高焊接机械化、自动化程度；

（2）遵守焊割"十不烧"制度，坚持禁火区的动火审批管理制度；

（3）焊接作业前，弄清情况，加强防范，做好检查和防范措施；

（4）焊接作业中，加强登高作业安全措施，设备内部动火安全措施；

（5）焊接作业后，加强安全检查，消除隐患，做好"落手清"工作；

（6）加强焊接人员的安全教育，正确使用焊接设备，掌握焊割作业气瓶使用的安全规则；

（7）加强作业区安全防火工作，做好个人防护，改善作业场所的通风状况；

（8）强化职业卫生宣传教育及现场监护、跟踪监测工作。

1.1.4.8 焊接技术的应用

焊接技术在现代工业建设中被广泛应用于梁柱类结构件的焊接、贮罐焊接、球罐焊接、压力容器焊接、管道焊接、壳体构件焊接、薄板构件焊接、机械构件焊接和精密器件焊接，对于不同的钢种和焊接材料可采用不同的焊接方法。

以"西气东输"上海段为例，直径为 $\phi813 \times 15.9mm$ 的 X60 管道焊接工艺采用了"下向焊"。该工艺是从管道焊缝的顶部引弧，向下进行焊接的一种工艺，具有良好的单面焊接双面成形效果的较先进的管道焊接工艺。"下向焊"与传统的上向焊相比，其显著特点是：

1. 焊接速度快，生产率高

由于相同壁厚的钢管，下向焊时采用的焊条直径、焊接电流和焊接速度均比上向焊要大得多，而焊缝宽度和余高则比上向焊要小，因此，焊接生产率可提高 30% ~ 40%，尤其适用于野外流水作业。

2. 焊缝质量高

下向焊焊缝根部成形饱满，电弧吹力大，穿透均匀，而且采用多层多道焊，因此焊缝质量、焊接一次合格率较高。

3. 节约焊接材料

由于相同壁厚的管口，下向焊的组装间隙比上向焊小 1 ~ 2mm，所以可节约 10% ~ 20% 的焊条需要量，采用半自动自保护焊尤其明显。

由于大口径管道全位置下向焊工艺具有以上优点，因此被应用于长输管线焊接施工中。

焊接时，采用了焊前预热与层间保温。焊前预热温度为 100 ~ 150℃，整体进行加热，力求焊缝中心两侧 100mm 范围内均匀地达到预热温度。在焊接过程中，始终保持层间温度控制在不低于 80℃ 的范围内。

焊口焊接完毕后，经 100% X 射线探伤及 100% 超声波探伤检测。

1.2 机电安装工程专业施工技术

1.2.1 机械设备安装工程施工技术

机械设备安装的种类繁多，一般可分为通用设备安装，如金属切削机床、工业锅炉、风机类、泵类、输送设备、起重设备安装等；专用设备是为生产某种产品而专门设计生产的设备，如冶金设备、造纸设备、石油化工设备安装等。需要特别说明的是，专业设备大多是连续生产设备，成套安装的生产线居多。

1.2.1.1 机械设备安装工程施工程序

虽然机械设备的种类繁多，形状各异，但机械设备安装的基本程序是一致的。机械设备安装的一般程序如下：施工准备→基础验收→设备放线→地脚螺栓安装→垫铁安装→设备就位→设备安装调整→设备灌浆→设备清洗和装配→调整、试运转→竣工验收。

1. 施工准备

（1）技术准备：包括进行图纸自审和会审、编制施工方案、进行技术交底等。

（2）设备开箱验收：设备开箱时要有建设单位代表（包括监理）、施工单位代表、重要设备（包括进口设备）厂家代表参加；开箱检查的内容包括：检查设备的规格型号是否符合设计要求，设备的随机技术资料是否齐全，设备有无损坏，设备的备品备件是否齐全等；设备开箱验收后施工单位要填写设备开箱报告，参加人员要签字确认。

（3）资源准备：包括施工人员、施工设备、测量器具等。

2. 基础验收

（1）对于重要的设备基础，基础的施工单位要提供设备基础合格证和其他有关资料，包括：基础合格证（应注明混凝土配合比、混凝土养护及混凝土强度等）；钢筋及焊接接头的实验数据；隐蔽工程记录；基础预压记录等。

（2）对基础的坐标位置、标高，预埋地脚螺栓的位置和标高，预留地脚螺栓孔的位置及深度等应进行复测并填写基础验收记录。

3. 设备放线

（1）机械设备就位前应根据设备平面布置图和相关建筑物的轴线、边缘线、标高线，划定设备安装基准线。基准线应由平面纵横基准线和标高基准线构成。

（2）对于与其他设备没有机械联系的单体设备的基础如果偏离了平面布置图的基准位置，允许做一定的调整。

（3）对于大型重要设备、精密设备和连续生产设备，在设备平面基准线上和标高基准线上应设置永久标板。

（4）设备划线：要想将设备准确定位，还需要在设备就位前将设备的基准线划出来。确定设备中心位置的方法有：利用设备的地脚螺栓孔找中心；利用设备上精确的螺栓孔找中心；利用设备上的轴或圆孔找中心；利用设备上的精加工面找中心；利用塔类设备的管口位置与基础位置相一致找中心。

4. 地脚螺栓安装

地脚螺栓是连接设备和基础的重要部件，它包括固定地脚螺栓、活动地脚螺栓、胀锚地脚螺栓和粘接地脚螺栓，固定地脚螺栓又分为预埋和预留孔两种。

地脚螺栓安装就是在设备就位过程中，将地脚螺栓穿进设备的地脚螺栓孔，使地脚螺栓铅垂并处于地脚螺栓孔的中心位置。

5. 垫铁安装

利用垫铁可调整设备的水平度，并把设备的重量、载荷及地脚螺栓的预紧力均匀地传递给基础。垫铁有铸铁垫铁和钢制垫铁，形状可分为平垫铁、斜垫铁、开口垫铁、开孔垫铁、钩头成对斜垫铁、可调垫铁和减振垫铁等多种形式。

垫铁的设置应符合《机械设备安装工程施工及验收通用规范》的要求。

6. 设备就位

设备就位就是利用施工设备将设备吊装到设备基础上，并将设备的基准线与基础基准线初步对正。设备就位最主要的就是要注意设备吊装运输时的安全。

设备就位前要将基础表面凿成麻面，以利于设备二次灌浆；要将预留孔吹洗干净，确保地脚螺栓灌浆质量。

7. 设备安装调整

设备安装调整要在地脚螺栓固定后进行，主要是找正、找平、找标高。这是设备安装的关键环节。

（1）设备找正：设备找正要在垫铁设置好后，地脚螺栓稍加预紧后进行，就是要把设备的基准线和基础的基准线对正。

（2）设备找平：设备找平就是利用水平仪等测量器具，在设备精加工表面上测量设备的纵横向水平度，使其符合相关技术规范的要求。其操作过程就是边调整垫铁、边紧固地脚螺栓、边测量设备的水平度，直到设备水平度达到要求，地脚螺栓的紧固力矩达到规定，垫铁全部压紧的要求。

（3）设备找标高：设备找标高是和设备找平一起进行的，在设备找平前要使设备基本达到设计标高的要求，而后在找平的同时使设备的标高达到设计要求。

8. 设备灌浆

设备灌浆包括预留孔地脚螺栓灌浆和基础与设备底座之间的二次灌浆。

可使用的灌浆料包括细石混凝土、高强混凝土、无收缩混凝土、微膨胀混凝土、环氧砂浆、新型灌浆料等，灌浆料的选用一般由设计规定。当设计未提出要求时，宜采用无收缩混凝土或微膨胀混凝土。

灌浆前，要把预留孔或基础表面清洗吹扫干净并喷湿；灌浆料的配合比要符合要求，灌浆时要保证捣实；新型灌浆料的搅拌和灌浆要符合其技术文件的规定。

9. 设备清洗和装配

设备清洗就是要把散装设备的各个部件或整体安装的精加工面上的防锈油等清洗干净，以利于装配和试运行。清洗剂和清洗流程的选用应符合《机械设备安装工程施工及验收通用规范》附录 E 的规定。

散装设备的现场装配是一个技术要求比较高的工序，需要有安装经验的钳工操作。现场的装配一般包括部件之间的连接与调整、轴承的装配与调整、各种传动副的装配与调整、各种联轴器的装配与调整等。装配时需要注意：

（1）装配人员在装配前应掌握设备的结构、装配的顺序、装配的方法、精度要求等，必要时要进行演练。

（2）要根据不同的配合选用不同的装配方法，例如过盈配合一般采用加热孔或冷却轴的方法，而过度配合就可以采用锤击或液压顶进的方法。

（3）装配时不得损伤设备，尤其是精加工表面。大重型零部件装配时，必须在悬吊状态下调整好水平或垂直度，必要时附加导向装置。

10. 试运转

试运转是综合检验设备制造质量和安装质量的重要环节，涉及的专业多、人员多、环节多，需要精心的组织和实施。

机械设备试运行分为单体无负荷试运转和无负荷联动试运转，这两项由施工单位负责实施，而负荷联动试运转有建设单位组织实行。

试运转应严格按照设备安装使用说明书、试运行方案和相关规范进行。试运转一般按照先单体后联动、先低速后高速的顺序进行，前一阶段的试运行合格后方可进行下一阶段的试运行。

试运行要有建设单位、监理单位、重要设备厂家及施工单位的代表参加，试运行合格后要填写试运行记录，各方代表要签证。

11. 竣工验收

机械设备的竣工验收一般按分项工程进行，也有按系统进行验收的。

机械设备安装完成并试运行合格，符合合同约定、符合设计要求和规范规定后，应及时办理竣工验收。

1.2.1.2 影响设备安装精度的因素和控制方法

设备安装精度的控制就是对设备安装偏差的控制。随机技术文件或相关规范对每一台设备的安装偏差都做出了规定，我们对偏差的控制就是在安装完成后能够达到所要求的偏差并在使用过程中能够保持这种偏差。

影响设备安装精度的因素和控制方法主要有以下几种：

1. 设备基础

（1）设备基础问题主要有：不均匀下沉、混凝土强度不够、预留孔位置偏移或不垂直、标高偏高或者偏低等。不均匀下沉可以使已经安装好的设备精度发生变化；混凝土强度不够容易使地脚螺栓松动，致使设备不能正常运转；预留孔位置偏移会使地脚螺栓不在预留孔中间或者不垂直；标高偏低或者偏高会使垫铁数量增加或者会使二次灌浆的缝隙太小，影响灌浆质量。

（2）控制上述问题的主要措施为：对于重型高精度设备的基础，应进行预压试验，直到基础沉降稳定为止；对于重要设备基础的混凝土强度，要查看基础的合格证明书，必要时对混凝土的强度进行复测，确保混凝土强度符合设计要求；对于预留孔偏移或者不垂直的，要让基础的施工单位在设备安装前进行修理，直至合格；对于基础偏低的，要采用型钢垫铁或专门制作厚垫铁，设备精平后定位焊牢；对于基础偏高者，要让基础施工单位将高出部分铲除，然后再进行设备安装。

2. 垫铁设置

（1）垫铁设置经常出现的问题有：垫铁之间、垫铁与基础和设备底座接触不好；单组垫铁块数太多；垫铁设置的位置不符合要求；设备精平后，没有将垫铁组定位焊牢等。

（2）控制上述问题的主要措施为：选择平整度好的垫铁，斜垫铁要成对使用，对于高速高精度要求设备的垫铁要精加工后进行研磨处理，将放置垫铁的基础处铲平，必要时采用坐浆法施工等；多选择厚垫铁，单组垫铁不要超过五块，厚垫铁要放在垫铁组的上面和下面，薄垫铁放在中间；垫铁组的设置要符合《机械设备安装工程施工及验收通用规范》的要求；设备精平合格后，要将垫铁组定位焊牢。

3. 设备灌浆

（1）设备灌浆包括预留孔地脚螺栓灌浆和二次灌浆，这两次灌浆存在的主要问题有：预留孔及基础表面没有吹洗干净，致使灌浆料与预留孔和基础表面粘结不牢固；灌浆用材料质量不符合要求，灌浆料配比不精确，致使灌浆料不合格；灌浆时振捣不符合要求，致使灌浆不实。

（2）控制上述问题的主要措施为：设备就位前要将预留孔和基础表面清理干净，灌浆前要用压缩空气将预留孔和基础表面吹扫干净并用清水喷湿；灌浆用的各种材料应经过进场验收，不合格的不得使用；灌浆料的配合比必须精确，要精确计量并保存记录，搅拌必须充分；对于设备底面积比较大的二次灌浆，应设置排气孔，灌浆料从单侧灌入，振捣必须密实，不过振、不欠振；新型灌浆料的配置要符合其技术文件的要求，搅拌要充分均匀，灌注前要排除其中的气泡，灌浆从一侧灌入，自动流满灌浆槽。

4. 地脚螺栓

（1）地脚螺栓设置的主要问题有：地脚螺栓中心位置超差，地脚螺栓标高超差（偏低或者偏高），地脚螺栓垂直度超差，地脚螺栓在基础内松动，地脚螺栓紧固力矩不均匀等。

（2）控制上述问题的主要措施为：对于预埋地脚螺栓中心位置超差、标高偏低、垂直度超差和预埋地脚螺栓松动等问题，应制定修改措施并进行修改处理，修理后其强度不得低于设计要求，重要设备修改措施应经过设计单位和监理工程师的批准；只要保证了预留地脚螺栓孔灌浆质量，一般情况下预留孔地脚螺栓不会松动；地脚螺栓的紧固一般分为两个阶段：一是精平后二次灌浆前的紧固，二是二次灌浆达到强度后的地脚螺栓终紧，每次紧固都要使用力矩扳手或液压螺栓拉伸器紧固，使之紧固力矩一致并保证预紧值。

5. 精度检测

（1）检测精度存在的问题主要有：检测的基准面选择不当；测量仪器精度不够或超过检定有效期限；测量的方法不正确等。

（2）检测机械设备的基准面应选择精加工工作面或者能体现测量要素的精加工面，例如测量车窗的纵横向水平度其基准面应选择溜板箱导轨，而测量清水泵的纵横向水平度只要选择出口法兰精加工面就可以了；测量仪器的精度一定要等于或高于被测设备要求的精度，测量仪器要在检定有效期内，而且在使用前要验证测量仪器处于完好状态；测量仪器要由经过培训有测量经验的人员使用，精密贵重仪器要由专人使用。

6. 操作人员的影响

（1）对机械设备精度影响的最主要因素实际上是人的因素。人的因素主要是操作技能和责任心，光有操作技能没有责任心不行，光有责任心没有操作技能也不行。

（2）所以要想做好机械设备安装工程，必须选择有安装经验并且有很强的质量意识又有责任心的人员作为施工骨干，一般能保证机械设备安装工程顺利完成。

1.2.1.3 主要安装施工技术规范及施工质量验收标准

(1)《机械设备安装工程施工及验收通用规范》（GB50231—2009）

(2)《金属切削机床安装工程施工及验收规范》（GB50271—2009）

(3)《锅炉安装工程施工及验收规范》（GB50273—2009）

(4)《起重设备安装工程施工及验收规范》（GB50278—2010）

(5)《锻压设备安装工程施工及验收规范》（GB50272—2009）

(6)《制冷设备、空气分离设备安装工程施工及验收规范》（GB50274—2010）

(7)《风机、压缩机、泵安装工程施工及验收规范》（GB50273—2008）

(8)《输送设备安装工程施工及验收规范》（GB50270—2010）

(9)《铸造设备安装工程施工及验收规范》（GB50277—2010）

(10)《起重设备安装工程施工及验收规范》（GB50278—2010）

1.2.1.4 国家标准《机械设备安装工程施工及验收通用规范》（GB50231—2009）修订简介

1. 前言

中华人民共和国住房和城乡建设部第 255 号公告批准发布国家标准《机械设备安装工程施工及验收通用规范》（GB50231—2009）（以下简称《新规范》），于 2009 年 10 月 1 日实施。《新规范》是一本专门适用于机械、冶金、化工、纺织、轻工等各部门机械设备安装工程施工的通用性技术规定和技术要求的国家标准。其颁布实施为国内机械设备安装施工提供了科学依据，同时对全面规范国内机械设备安装建设工程施工行为，保证工程质量，总体提升工程施工水平具有十分重要的作用。

《机械设备安装工程施工及验收通用规范》的修订工作是遵照建设部建标〔2003〕102 号"关于印发《二○○二～二○○三年度工程建设国家标准制订、修订计划》的通知"的要求，由国家机械工业安装工程标准定额站组织，中国机械工业建设总公司为主编单位会同有关设计院、安装单位共同修订完成的。

《机械设备安装工程施工及验收通用规范》（GB50231—1998）（以下简称《原规范》）从 1998 颁布执行到现在已有十多年，随着机械行业的发展，机械设备种类的增加，设备制造技术水平的提高，产品标准化的不断完善，以及新技术、新材料、新工艺、新设备的推广应用和大量工程实践经验，《原规范》中存在许多不适用和需要增加和补充完善的地方。这就需要对《原规范》进行全面的修订才能使其发挥应有的指导性作用，体现技术发展的与时俱进。

2. 主要修订过程

按照国家标准修订工作程序，首先以中国机械工业建设总公司为主编单位，牵头成立了有设计院、院校、安装施工单位参加的规范编制工作组，制定了相应的工作计划，编制了规范修订大纲。编制组从收集资料、广泛调研入手，经过大量细致的工作，形成了初稿。在此基础上，召开专题会议进行研讨，修订完成了征求意见稿。编制组在完成征求意见稿后，前后发往各有关设计院、制造厂商、监理单位、安装施工企业、技术质量监督部门等，并在相关网站上刊登，广泛征求意见和建议。随后进行了修改完善完成了送审稿，并召开了来自全国各地的二十多位专家参加的规范审查会。最后在专家审查会的指导意见下，编制组进行了最终的修改，完成了报批稿并上报住房和城乡建设部，完成了《新规范》的修订工作。

3. "新规范"修订主要内容

《原规范》共计八章175条20个附录，一个附加说明和条文说明。修订后的《新规范》共分为：总则；施工条件；放线、就位、找正和调平；地脚螺栓、垫铁和灌浆；装配；液压、气动和润滑管道的安装；试运转和工程验收八章204条、9个附录和条文说明，对《原规范》修改了130条，新增内容40条。

《新规范》根据《工程建设标准编写规定》：直接涉及人民生命财产安全、人身健康、环境保护、节能资源节约和其他公共利益等的条款设为强制性条款，《新规范》中第1.0.5、1.0.6、2.0.4（3）、6.2.4（6）条（款）为强制性条文，必须严格执行。

4. 《新规范》实施注意事项

（1）总则

1）修改了《原规范》中关于"安装的机械设备、主要的或用于重要部位的材料，必须符合设计和产品标准的规定，并应有合格证"，《原规范》条文中"主要的或用于重要部位的材料……"如何界定、划分没有标准尺度，且工程质量的保证应是所有设备、零部件、主材均应是符合工程设计和其产品标准规定的合格产品，才能切实保障工程质量。

2）修改了《原规范》中关于"设备安装中，应进行自检、互检和专业检查，并应对每道工序进行检验和记录"，过去的工程质量管理推行"三级检验"制度，现在工程质量管理大都推行ISO质量保证管理体系和全面质量管理制度，其实质为全过程质量控制与管理，使工程质量全过程处于监控且具有可追溯性。

（2）施工条件

将《原规范》章名"施工准备"改为"施工条件"，并不分节叙述，因该章内容都是规定机械设备安装工程必须具备的施工条件，克服盲目无条件施工现象，使设备安装工程质量有良好的环境及基础。

（3）放线、就位、找正和调平

取消了测量直线度、平行度和同轴度采用重锤水平拉钢丝测量的条文，因为钢丝在自重作用下垂度的近似计算公式为：$f_{\mu} = 40 \times L_1 \times L_2$，在利用这个公式做试验中发现只有在大约10m以内的范围内，钢丝下垂度的实测值与其计算值基本相同。但随着跨距的增加，超出10m越大，其实测值和计算值相差越大，跨距超过20m时，两者数值相差近一倍，不足以覆盖应用范围。并且现在随着施工测量技术和仪器的发展，有激光准直仪、对中仪等测量方法能精确地测出直线度和同轴度。

（4）地脚螺栓、垫铁和灌浆

取消了《原规范》附录三"YG型胀锚螺栓的规格、适用范围和钻孔直径和深度的规定"；取消了《原规范》环氧树脂砂浆地脚螺栓；垫铁中取消了钩头成对斜垫铁。《新规范》完善、修改了垫铁组面积的计算公式。

（5）装配

1）在设备安装的清洗中，根据环保的要求，取消了《原规范》中的四氯化碳脱脂液，目的是保护臭氧层；并在《新规范》中增加了"二合一"、"三合一"、"四合一"清洗液，以便施工中选用。

2）《新规范》中增加了大六角头、扭剪型高强螺栓、夹壳联轴器和膜片联轴器、超越离合器和磁粉离合器施工的具体技术要求，提高规范条文的准确性、可操作性和实用性。

3）《原规范》中"密封件装配"存在分类不合理、内容不全的问题。本次修订分为密封胶、填料密封、成形密封和机械密封四类去规定相关的技术要求，使本节分类合理、内容充实、扩大使用范围。

（6）液压、气动和润滑管道的安装

法兰连接在设备各类管路中应用很广，规定了"除特殊要求外，法兰螺栓孔中心线不得与管子的铅垂、水平中心线相重合。"因为法兰螺栓孔中心线与管子铅垂、水平中心线相重合，将会降低法兰在铅垂、水平方向上截面的强度。

（7）试运转

《原规范》为9条，其内容笼统、不具体明确；本次《新规范》修改为8节，根据各类机械设备的通用技术条件，增加和充实了许多具体内容，使各系统单独调试、机电联合动作调试和空负荷试运转更具体、明确。

1.2.1.5 国家标准《锅炉安装工程施工及验收规范》（GB50273—2009）修订简介

1. 前言

中华人民共和国住房和城乡建设部第264号公告批准发布国家标准《锅炉安装工程施工及验收规范》（GB50273—2009）（以下简称《新规范》），于2009年10月1日实施，原《工业锅炉安装工程施工及验收规范》（GB50273—98）（以下简称《原规范》）同时废止，该规范颁布实施为国内锅炉设备安装施工提供了科学依据，同时对全面规范工程施工行为，保证工程质量，总体提升工程施工水平具有十分重要的作用。

2. 《新规范》修订的主要内容：

《原规范》十章，共133条，1个附录、一个附加说明和条文说明，本次修订后仍为十章，共156条，改动条款96条，删除9条，新增条款23条。

《新规范》根据《工程建设标准编写规定》：直接涉及人民生命财产安全、人身健康、环保保护、节能资源节约和其他公共利益等的条款设为强制性条款，《新规范》第1.0.3、5.0.3（4）、6.3.2（2、3、7）、6.3.3（2、4）、6.3.4（2、4）、10.0.2条（款）为强制性条款，必须严格执行。

（1）修订了规范名称

由于近年来工业的发展，技术的进步，锅炉的种类不断增多，有机热载体炉因其载体在较低的压力下能获得较高的温度而广泛用于生产。有机热载体炉、电加热锅炉和蒸汽锅炉的安装工艺无多大区别，《新规范》在对98版进行修订时，在其适用于蒸汽锅炉、热水锅炉的基础上增加了有机热载体炉和电加热锅炉，去掉了《原规范》的"以水为介质"。

在工业锅炉产品型号编制方法中没有有机热载体炉，它是作为新产品单列。

此次对《原规范》进行修订，条文内容涵盖了生产、生活用锅炉，故本规范修订后定名为《锅炉安装工程施工及验收规范》，去掉原规范的"工业"二字其适用范围更为广泛。

（2）修订了适用范围

《原规范》适用范围为额定工作压力不大于2.5MPa，国家现行标准《工业锅炉产品型号编制方法》（JB/T1626—2002）对标准的适用范围进行了调整，此次对锅炉的额定工作压力参数修订为小于或等于3.82MPa，热水锅炉额定出水压力大于0.1MPa的界线。

（3）取消了《原规范》中对施工资质和人员资格的要求，国家在法规、规程、规则里已有相关规定。在《新规范》里就不再作规定。

（4）超胀的最大胀管率的修订：依据国家现行标准《工业锅炉胀接技术条件》（JB/T9619—1999）第5.7条有关规定，在额定工作压力不大于2.5MPa，采用内径控制法时，补胀后超胀的最大胀管率修订为2.8%（《原规范》是2.6%）。对于大于2.5～3.82MPa的锅炉则补胀后的超胀管率应执行随机技术文件规定。

（5）对锅炉规范的内容进行了补充和增加：

1）对"表3.0.1钢架主要构件安装前的尺寸允许偏差"、"表3.0.3钢架安装的允许偏差、检测位置及方法"的内容进行了补充，增加了施工中必须进行检查的项目。

2）规定了受热面管公称外径不大于60mm时，其对接接头和弯管要进行通球以及通球直径的规定，提高了规范条文的实用性。

3）明确了胀接管端硬度低于管孔壁的硬度时可不进行退火的规定，《原规范》为未经退火的管子胀接端应进行退火。

4）增加了胀接管端的最小外径控制数据，对管子的质量进行控制，保证安装后的质量。

5）关于焊接管口的端面倾斜度规定，取消了《原规范》对管子公称外径不大于ϕ60mm、ϕ60mm～ϕ108mm这两级管子的管口端面倾斜度的要求，《新规范》是根据焊接形式的不同（手工焊接和机械焊接），合并给出了管子公称外径不大于ϕ108mm的管子管口端面倾斜度的要求。焊接会引起管子变形，对其直线度的控制，《原规范》为测量在距焊缝中心200mm处的间隙不应大于1mm，这个规定不明确，在实际施工中不易操作。《新规范》修订为在距焊缝中心50mm处测量，并且规定焊缝在1000mm范围内和全长上的直线度允许偏差值。提高了规范条文的可操作性。

6）对管子对接接头的探伤比例按压力、管径、锅炉种类分别作出了规定，与相关检验规程统一起来，增加了对有机热载体炉这一类型的相关要求。

7）第5章章名为"水压试验"，这次修订为"压力试验"，涵盖的范围更为广泛，试验用介质可以是水、气、油等。将锅炉本体的试验压力、试压时间与《蒸汽锅炉安全技术监察规程》相关规定统一起来。增加了热水锅炉和有机热载体炉的压力试验规定。

8）第6章增加了"取源部件"的安装技术要求，设为第一节；增加了测温取源部件、压力取源部件、流量取源部件、分析取源部件、物位取源部件的安装及具体要求，使规范涵盖内容更为广泛，适用性更强。增加了有机热载体炉辅助装置热膨胀器、膨胀管、储存罐及管路系统采用法兰连接时安装的具体要求。

9）根据炉排型式的发展，第7章增加了"鳞片式炉排、链带式炉排和横梁式炉排"等技术内容。

10）第8章对锅炉本体砌筑和绝热层施工分设为两节，增加了对在现场浇注的耐火浇注料应做试块进行试验的要求，这对保证耐火混凝土的质量很有必要。增加了对埋设在耐火浇注料内的钢结构的表面处理的要求，以保证耐火浇注料在使用过程中不被钢结构的正常膨胀所破坏。对有特殊要求的作出了具体规定。

11）第9章增加了"锅炉漏风试验"的相关内容，设为第一节。增加了全耐火陶瓷纤维保温的轻型炉墙，可不进行烘炉的规定。根据经验对整体安装的锅炉的烘炉时间《原规范》为"2天~4天"，这次修订改为"4天~6天"。

3.《新规范》强制性条文应用中注意事项

（1）［条文］在锅炉安装前和安装过程中，当发现受压部件存在影响安全使用的质量问题时，必须停止安装，并报告建设单位。

［注意事项］为了确保锅炉安装工程质量，防止造成重大损失，在锅炉安装前和安装过程中，当发现受压部件存在影响安全使用的质量问题时，应停止安装，将问题向建设单位报告，并研究解决的办法，目的是使隐患得到及时的处理，防止继续施工造成更大的损失。

（2）［条文］试压系统的压力表不应少于2只。额定工作压力大于或等于2.5MPa的锅炉，压力表的精度等级不应低于1.6级。额定工作压力小于2.5MPa的锅炉，压力表的精度等级不应低于2.5级。压力表应经过校验并合格，其表盘量程应为试验压力的1.5~3倍；

［注意事项］对压力试验用压力表给出了表盘量程应为试验压力的1.5~3倍范围，操作时最好选用2倍。排水管道应装设在系统的最低处才能将系统内水排尽，放空阀应装设在系统的最高处才能将气体放尽。

（3）［条文］气相炉最少应安装两只不带手柄的全启式弹簧安全阀，安全阀与筒体连接的短管上应装设一只爆破片，爆破片与锅筒或集箱连接的短管上应加装一只截止阀。气相炉在运行时，截止阀必须处于全开位置。

［注意事项］气相炉的有机热载体主要是联苯，易燃且有毒，防止联苯外泄很重要，因此气相炉的安全阀必须是全封闭式安全阀，在运行过程中不准定期作手动排气试验。不带手柄的目的是为了防止手动排气。为了防止安全阀泄漏，在气相炉安全阀与筒体的连接短管上加装一只爆破片，爆破片应在小于规定的爆破压力的5%以内爆破，为了防止安全阀在规定压力下不能回座，在爆破片与筒体之间加装一只截止阀，在运行过程中应处于全开位置，一旦爆破片爆破泄压后，应立即关闭截止阀，待安全阀回座，压力恢复正常后，再打开截止阀。

泄放管通入用水冷却的面式冷凝器，再接入单独的有机热载体储罐，以便进行脱水净化。

有机热载体气相炉安装好后用水进行压力试验时，其安全阀可在炉体上用水压的方法进行调试，否则，应在安装前单独进行校验，合格后才能安装到炉体上。

1.2.1.6 国家标准《起重设备安装工程施工及验收规范》（GB50278—2010）修订简介

1. 前言

中华人民共和国住房和城乡建设部第621号公告批准发布国家标准《起重设备安装工程施工及验收规范》（GB50278—2010）（以下简称《新规范》），于2010年12月1日实施，原《起重设备安装工程施工及验收规范》（GB50278—98）（以下简称《原规范》）同时废止。该规范颁布实施为国内起重设备安装施工提供了科学依据，同时对全面规范工程施工行为，保证工程质量，总体提升工程施工水平具有十分重要的作用。

2.《新规范》修订的主要内容：

《原规范》共计 12 章 74 条 4 个录，一个附加说明和条文说明。修订后的《新规范》共分为：总则、基本规定、起重机轨道和车挡、电动葫芦、梁式起重机、桥式起重机、门式起重机、悬臂起重机、起重机的试运转和工程验收 10 章 57 条，2 个附录和条文说明。对《原规范》的 74 个条文全部进行了修改，其中修订了 34 条，删除了 28 条，有 9 条合并为 4 条，有 3 条分解为 12 条，并新增了 7 条新内容。

《新规范》根据《工程建设标准编写规定》：直接涉及人民生命财产安全、人身健康、环境保护、能源资源节约和其他公共利益等的条款应设为强制性条款。《新规范》中的第 1.0.3 条、第 2.0.3 条和第 4.0.2 条应直接涉及起重设备安装和使用的安全性，修订时定为强制性条文，必须严格执行。

（1）总则

对《原规范》中关于"对大型、特殊、复杂的起重设备的吊装，应制定完善的吊装方案"的规定，补充了"在特殊、复杂环境下的起重设备的吊装"也必须制定吊装方案的规定，并作为强制性条文执行。特殊、复杂的环境对起重设备吊装的难易程度和安全性的影响极大，甚至是能否实施吊装的关键因素。对大型、特殊、复杂的起重设备和特殊、复杂的环境判定，视被吊设备的构件尺寸、重量、结构形式、易损程度、施工环境和施工单位的施工经历、装备能力、惯用工艺、技术水平、人员素质等因素而定。

（2）基本规定

1）新增了挠性提升构件的安装规定。钢丝绳和链条是起重机的重要承载构件，也是起重机上的易损件，其安装的质量直接影响起重机的使用安全，影响钢丝绳和链条的使用寿命，必须严格要求，强制执行，防止断绳、断链及脱落事故的发生。

2）取消了制动器调整的定量规定。在起重机上制动器的定量调整难以做到，也无必要。制动器调整得是否满足使用要求，主要是调整者或操作者凭借自身的经验去判定，通常做法是将起升机构的制动器调得偏紧一些，将运行机构的制动器调得偏松一些。但无论是起升机构的制动器，还是运行机构的制动器，都应"开闭灵活、制动应平稳，不得打滑"。

（3）起重机轨道和车挡

修改了关于起重机轨道的安装规定，使之与相关标准更协调。在《桥式和门式起重机制造及轨道安装公差》（GB/T10183—2005）中规定起重机轨道的理论高度可以是水平形态的，也可以是理论的上拱曲线；在《钢结构工程施工质量验收规范》（GB50205—2001）规定起重机梁的上拱度不大于 10mm；在《钢结构设计手册》中规定当跨度≥24m 的大跨度吊车梁或吊车桁架，宜要求制作时按跨度的 1/1000 起拱，可以看出 GB/T10183—2005 是覆盖 GB50205—2001 和《钢结构设计手册》的，而《原规范》则不能。因此在执行《新规范》时，对于混凝土起重机梁应按水平形态的轨道处理，对于钢制起重机梁应按上拱曲线形态的轨道处理。

关于起重机轨道底面与钢制起重机梁顶面的间隙处理应具体分析。如果是因起重机梁上拱引起的，消除时不能采取加垫的方法，只能迫使轨道底面与钢梁顶面接触；如果是因钢梁制造缺陷引起的，则可以采取加垫的方法消除。

（4）电动葫芦

1）删除了《原规范》有关电动葫芦试运转的内容。现行起重设备的试验及检验程序早已统一，《原规范》的相关内容已不适用，有关电动葫芦试运转的内容应按《新规范》第9章的规定去执行。

2）新增了电动葫芦运行小车的安装规定。电动葫芦运行小车为上开口的悬挂结构，螺柱上的调整垫和套管即是墙板的定位零件，也是电动葫芦的承载零件，压紧后与螺柱共同承载着电动葫芦和载荷的总重，螺母未拧紧，螺母的锁件装配不正确或遗漏均可能引发葫芦脱落事故，必须严格要求执行，防止小车发生脱落事故。

（5）梁式、桥式和门式起重机

1）修订了起重机械的分类。《新规范》按《起重机械分类》（GB/T20776—2006）的规定，对三部分的内容重新进行了编辑，使得《新规范》的编写结构更合理，条文表述更准确，内容与相关标准更协调。

2）不再硬性规定起重机主梁上拱度的允许偏差值。最新的研究结果表明起重机主梁的结构失效与其上拱度并没有十分紧密的联系，因此在新版的《起重机设计规范》（GB/T3811—2008）及起重机产品标准中已不再硬性的规定起重机主梁的上拱度，而是由起重机的制造厂根据经验自行掌握，仅规定在静载试验后主梁的上拱度不小于某一值（但不得下挠）即可。由于没有统一的允许偏差，《新规范》在检验表中取消了这个项目，使用《新规范》时应根据制造厂提供的数据进行复检。

3）删除了有关车轮装配质量的检验项目。车轮是制造装配的项目，在起重机运输、储藏和安装的过程中其装配质量变化可能性极小，而且有些车轮的装配结构是不能调整的，在安装的实践中发现这类检验意义不大，现行的安装工艺及现场条件也不支持这类检验。

4）取消了检测起重机小车轮距的硬性规定。按起重机产品标准的规定，小车应在主梁上试车合格后才能出厂交货，且在小车的运输、储藏和安装的过程中轮距变化可能性极小，因此规范中不再作硬性规定。

5）《新规范》删除和淘汰落后的冶金起重机。由于钢铁生产工艺的变革，《原规范》所涉及的主要机种已经淘汰，现行的冶金起重机的一个发展趋势就是通用化，《新规范》根据这一趋势仅对冶金起重机共性的内容作了规定，其个性的内容应按随机技术文件的规定执行。

6）新增了电动葫芦门式起重机的内容。电动葫芦门式起重机以其结构简单、成本低廉、用途广泛、安装快捷、性能稳定、维护方便、部件标准化程度高、起重量越来越大等优点而得到了迅速发展，成为取代起重量较小的通用门式起重机的理想机型，是门式起重机的一个发展趋势。

（6）起重机的试运转

1）重新编辑了这一章的结构。按照起重机试运转的种类及顺序分节规定，以明示试运的内容，方便本规范的使用。

2）修正了起重机主梁静刚度的取值方法。主梁静刚度的定义为：由起重量和小车自重在主梁跨中引起的垂直静挠度，即在主梁的跨中取值，反映出的是主梁的弹性。《原规范》定义的主梁静刚度为：静载试验结果与额定载荷试验结果之差，二者的取值均是在主梁跨中1/10的跨度范围内，且意义不明。

3）删除了有关起重机整体稳定性的试验内容。本规范涉及的起重机械均无整体稳定性问题，且起重机的整体稳定性仅与产品定型有关，产品一旦定型，其整体稳定性也就确定了。

3. 《新规范》强制性条文应用中注意事项

（1）［条文］**对大型、特殊、复杂的起重设备的吊装或在特殊、复杂环境下的起重设备的吊装，必须制订完善的吊装方案。当利用建筑结构作为吊装的重要承力点时，必须进行结构的承载核算，并经原设计单位书面同意。**

［注意事项］本条为强制性条文，属于安全性要求。起重设备的吊装过程是发生问题和事故较多的工序。大型、特殊、复杂的起重设备和特殊、复杂的环境对起重设备吊装的难易程度和安全性的影响极大，故强调必须制定完善的吊装方案，目的是防止事故的发生。而对大型、特殊、复杂的起重设备和特殊、复杂的环境判定，视被吊设备的尺寸、重量、结构形式、易损程度、施工环境和施工单位的施工经历、装备能力、工艺、技术水平、人员素质等因素而定。同样的设备吊装，同样的施工环境，对头一次干的或不经常干的与经常干的判定结果肯定是不一样的。当利用建筑结构作为吊装的重要承力点时，必须进行结构的承载核算，并经原设计单位书面同意目的也是为了防止事故的发生。

（2）［条文］**安装挠性提升构件时，必须符合下列要求：**

1）**压板固定钢丝绳时，压板应无错位、无松动；**

2）**楔块固定钢丝绳时，钢丝绳紧贴楔块的圆弧段应楔紧、无松动；**

3）**钢丝绳在出、入导绳装置时，应无卡阻；放出的钢丝绳应无打旋、无碰触；**

4）**吊钩在下限位置时，除固定绳尾的圈数外，卷筒上的钢丝绳不应少于2圈；**

5）**起升用钢丝绳应无编接接长的接头；当采用其他方法接长时，接头的连接强度不应小于钢丝绳破断拉力的90%；**

6）**起重链条经过链轮或导链架时应自由、无卡链和爬链。**

［注意事项］钢丝绳和链条是起重机的重要承载构件，也是起重机上的易损件，其安装的质量直接影响起重机的使用安全，影响钢丝绳和链条的使用寿命，故必须严格要求，目的是防止断绳、断链及脱落事故的发生。

钢丝绳开盘时，应沿着绳盘圆周的切线方向进行，以防止在钢丝绳中产生扭劲。

（3）［条文］**连接运行小车两墙板的螺柱上的螺母必须拧紧，螺母的锁件必须装配正确。**

［注意事项］电动葫芦运行小车为上开口的悬挂结构，螺柱上的调整垫和螺柱套即是墙板的定位零件，也是电动葫芦的承载零件，压紧后与螺柱共同承载着电动葫芦和载荷的总重，螺母未拧紧，螺母的锁件装配不正确或遗漏均可能引发葫芦脱落事故，故必须严格要求，目的是防止小车脱落事故的发生。

1.2.2 电气安装工程技术
1.2.2.1 变配电设备安装技术

1. 电力变压器安装技术

（1）变压器安装程序：变压器及附件检查→二次搬运→安装就位→附件安装→交接试验→送电前的检查→送电运行验收。

（2）变压器的安装要求

1）变压器的绝缘瓷件无损伤、缺陷及裂纹。

2）变压器二次搬运应由起重工作业，电工配合。

3）变压器一、二次引线的施工，不应使变压器直接承受力。

（3）变压器交接试验的内容：测量绕组连同套管的直流电阻，检查所有分接头的变压比，检查变压器的三相连接组别，测量绕组连同套管的绝缘电阻，测量绕组连同套管的直流泄漏电流，绕组连同套管的交流耐压试验。

（4）变压器送电前的检查：变压器试运行前应做全面检查，确认符合试运行条件时方可投入运行。

2. 成套配电柜（开关柜）安装技术

（1）成套配电柜（开关柜）安装顺序：开箱检查→二次搬运→柜体固定→母线安装→二次线路连接→试验调整→送电运行验收

（2）成套配电柜（开关柜）安装要求

1）成套配电柜（开关柜）搬运由起重工作业、电工配合。

2）柜体与基础型钢的固定必须用镀锌螺栓连接，每台柜体单独与基础型钢连接，并有保护接地线。

3. 插接式母线槽安装技术

（1）插接式母线槽安装程序：点件检查→母线槽绝缘测试→支架安装→母线槽安装→附件安装→送电前绝缘测试→通电校核→试运转验收。

（2）母线槽安装前必须使用 500V 兆欧表测试，绝缘电阻不得小于 20MΩ。

（3）母线槽连接紧固必须采用力矩扳手按其规定值紧固。

1.2.2.2 架空线路安装技术

（1）架空线路的施工顺序：测量定位→挖坑→横担组装→立杆→拉线制作与安装→放线、架线、紧线、绑线与连线→送电运行。

（2）架空线路安装要求

1）钢筋混凝土电杆表面应无纵向裂缝，横向裂缝宽度不应超过 1mm。预应力混凝土电杆应无纵、横向裂缝。杆身弯曲不应超过杆长的 1/1000。

2）绝缘子的瓷釉光滑、无裂纹、缺釉斑点、烧痕、气泡或瓷釉烧坏等缺陷。

1.2.2.3 电缆线路敷设技术

（1）电缆沟（隧道内）敷设

1）电力电缆和控制电缆不应配置在同一层支架上。

2）电缆与热力管道之间的净距应符合规范标准，当受条件限制时，应采取隔热保护措施。

（2）电缆排管（保护管）敷设

1）电缆保护管孔径一般应不小于电缆外径的 1.5 倍，并且保护管的孔径应不小于 100mm，控制电缆保护管孔径应不小于 75mm。

2）在直线距离超过 100m 的地方及排管转弯和分支处都要设置电缆井，以便检修或更换电缆。

（3）直埋电缆敷设

电缆埋深应不小于 0.7m，穿越农田时应不小于 1m。

（4）电缆（本体）敷设

1）电缆敷设程序：电缆检查→电缆搬运→电缆绝缘测定→电缆盘架设电缆敷设→挂标志→质量验收。

2）在电缆穿进竖井、墙壁、楼板或进入电气柜的孔洞处，应用防火堵料密实封堵。

1.2.2.4 室内配电线路敷设技术

1. 线槽（桥架）配线

（1）线槽（桥架）配线施工程序：测量定位→支架制作→支架安装→线槽安装→接地线连接→槽内配线→线路测试。

（2）线槽（桥架）在水平段安装，每 1.5～2m 设置一个支（吊）架；垂直安装段，每 1～1.5m 设置一个支架。线槽（桥架）要可靠接地。

（3）线槽内敷设导线包括绝缘层在内的导线总截面积不应大于线槽内截面积的 60%。

2. 导管配线

（1）明管敷设程序：测量定位→支架安装→导管预制→导管连接固定→接地线跨接→刷漆。

（2）暗管敷设程序：测量定位→导管预埋→导管连接、固定→接地跨接→刷漆。

（3）管内穿线程序：选择导线→清管→穿引线→放线及断线→导线与引线的绑扎→放护圈→穿导线→导线并头压接→线路检查→绝缘测试。

（4）埋入建筑物的电线保护管，与建筑物表面的距离不应小于 15mm。

（5）电线保护管的弯曲半径不宜小于管外径的 6 倍，当线路埋设于地下或混凝土内时，其弯曲半径不应小于管外径的 10 倍。

（6）管内导线包括绝缘层在内的总截面积不应大于管子内空截面积的 40%。

（7）金属软管应可靠接地，且不得作为电气设备的接地导体。

（8）黄、绿、红颜色的导线分别为 A、B、C 相线颜色，淡蓝色导线为中性线，黄绿双色的导线为保护接地线。

（9）导线敷设后，应用 500V 兆欧表测试绝缘电阻，线路绝缘电阻应大于 0.5MΩ。

3. 卡钉配线

（1）卡钉配线施工程序；熟悉施工图→确定灯、开关、插座位置和护套线敷设走向→埋设过墙、楼板的保护管→线夹固定→护套线敷设→导线连接并头→线路绝缘测试。

（2）塑料护套线不应直接敷设在抹灰层内、吊顶内和护墙板内，线路绝缘电阻应大于 0.5MΩ。

4. 钢索配线

（1）钢索配线施工程序：测量定位→支架制作→支架安装→钢索制作→钢索安装→钢索接地→导线敷设→导线连接→线路测试→线路送电。

（2）钢索配线宜采用镀锌钢索，不应采用含油芯的钢索。

（3）钢索布线所采用的钢绞线的截面应根据跨距、荷重和机械强度选择，最小截面不宜小 10mm²。

5. 瓷瓶配线

瓷瓶配线施工程序：测量定位→支架制作→支架安装→瓷瓶安装→导线敷设→导线绑扎→导线连接→线路测试→线路送电。

1.2.2.5　电气照明安装技术

（1）照明电器安装程序：开箱检查→灯具组装→灯具安装接线→送电前的检查→送电运行。

（2）照明每一单相分支回路的电流不宜超过 16A，灯具数量不宜超过 25 个。大型组合灯具每一单相回路电流不宜超过 25A，光源数量不宜超过 60 个。

（3）单独回路的插座数量不宜超过 10 个（组）。

（4）灯具距地面高度小于 2.4m，应使用额定电压为 36V 以下的照明灯具或采用接地保护措施。

（5）螺口灯头的相线应接在中心触点的端子上，零线应接在螺纹端子上。

（6）吊灯灯具重量超过 3kg 时，应采取预埋吊钩或螺栓固定。

（7）单相两孔插座，面对插座的右孔与相线连接，左孔与零线连接。单相三孔插座，面对插座的右孔与相线连接，左孔与零线连接，上孔与接地线连接。

1.2.2.6　动力设备安装技术

（1）动力配电箱安装程序：支架制作安装→箱体固定→导线连接→送电前检查→送电运行。

（2）动力设备安装程序：设备开箱检查→安装前的检查→电动机接线→控制设备安装→送电前的检查→送电运行。

（3）电动机安装应由电工、钳工操作，大型电动机的安装，在搬运和吊装时应有起重工配合进行。

（4）三相交流电动机有 Y 接和 △ 接两种方式，线路电压为 380V，电动机额定电压为 380V 时应 △ 接，电动机额定电压为 220V 时应 Y 接。

1.2.2.7　防雷接地装置安装技术

（1）防雷接地装置施工程序：接地体安装→接地干线安装→引下线敷设→均压环安装→避雷带（避雷针、避雷网）安装。

（2）自然接地体安装可以利用建筑底板钢筋或建筑基础钢筋作接地体。

（3）人工接地体一般采用角钢、钢管和圆钢制成，其截面积不应小于 $100mm^2$。

（4）引下线一般采用圆钢或扁钢制成，其截面积不应小于 $100mm^2$。

（5）避雷带（网）一般用圆钢或扁钢制成。其截面积不应小于 $100mm^2$。

（6）均压环一般利用圈梁内主筋或用圆钢或扁钢制成。其截面积不应小于 $100mm^2$。

1.2.2.8　主要安装施工技术规范及施工质量验收标准

《建筑电气工程施工质量验收规范》（GB50303—2002）

《电气装置安装工程高压电器施工及验收规范》（GB50147—2010）

《电气装置安装工程电力变压器、油浸电抗器、互感器施工及验收规范》（GB50148—2010）

《电气装置安装工程母线装置施工及验收规范》（GB50149—2010）

《电气装置安装工程电气设备交接试验标准》（GB50150—2006）

《电气装置安装工程电缆线路施工及验收规范》（GB50168—2006）

《电气装置安装工程接地装置施工及验收规范》（GB50169—2006）

《电气装置安装工程旋转电机施工及验收规范》（GB50170—2006）

《电气装置安装工程盘、柜及二次回路结线施工及验收规范》（GB50171—92）

《电气装置安装工程蓄电池施工及验收规范》（GB50172—92）

《电气装置安装工程35kV及以下架空电力线路施工及验收规范》（GB50173—92）

《电气装置安装工程低压电器施工及验收规范》（GB50254—96）

《电气装置安装工程电力变流设备施工及验收规范》（GB50255—96）

《电气装置安装工程起重机电气装置施工及验收规范》（GB50256—96）

《电气装置安装工程爆炸和火灾危险环境电气装置施工及验收规范》（GB50257—96）

《电气装置安装工程1kV及以下配线工程施工及验收规范》（GB50258—96）

《电气装置安装工程电气照明装置施工及验收规范》（GB50259—96）

1.2.3 管道安装工程技术

1.2.3.1 管道工程施工的一般规则

（1）管道工程分类：管道工程按其服务目的不同，可分为两大类：一类是为生产输送介质，为生产服务的管道，这类管道称为工业管道或工艺管道；另一类是为生活服务或为改变劳动工作条件服务而输送介质的管道，这类管道称为水暖管道，通常又叫卫生工程管道或暖卫管道。

（2）管道工程开工一般应具备的条件：设计及有关文件、资料齐全；施工方案已经批准，施工技术、安全进行了必要的交底；施工临时供电、供水等设施已能满足安装要求；与管道有关的土建工程已检验合格，满足安装要求，并已办理交接手续；与管道连接的设备已找正合格，固定完毕；管道组成件及管道支承件等已检验合格；管子、管件、阀门等内部已清理干净、无杂物；对管内有特殊要求的管道，其质量已符合设计文件的规定。

（3）管道工程的施工一般施工程序是：熟悉图纸及有关技术资料→施工测量→沟槽开挖→配合土建预留、预埋→管道支架制作及安装→管道附件检验→管道预制及组装→管道敷设及安装→管道与设备连接→控制仪表安装→管道系统试压→管道防腐、绝热→系统清洗→竣工验收。

以上是一般程序，根据工程性质不同，其中所有环节不一定都会出现，但这些环节的顺序大致不变。

（4）管道工程施工过程中一般顺序：先安装管道支承件，后安装管道；先安装地下管道，后安装地上管道；先安装大口径管道后安装小口径管道施工顺序。

（5）管道工程管路交叉相遇时的避让原则：分支管路让主干管路；小口径管路让大口径管路；有压管路让无压管路，低压管路让高压管路；常温管路让高温或低温管路；气体管道让液体管道。

1.2.3.2 管道工程的施工

1. 常见连接方法

管道的连接是按照设计图纸的要求，将管道组成件连接成一个严密的整体，达到使用的目的。

根据管道材质和不同要求，分别选用各种不同的连接方法。常见的连接方法有：承插填料连接、焊接连接、法兰连接、螺纹连接、承插粘接连接、热熔连接、沟槽式卡箍连接、卡套式连接、卡压式连接等。

2. 阀门安装

（1）安装前的检查

1）阀门安装前，应按设计文件核对其型号、规格；

2）按规定进行的壳体压力试验和密封性试验合格；

3）检查填料及压盖螺栓有足够的调节余量；

4）检查阀杆有无卡涩和歪斜现象；

5）法兰和螺纹连接的阀门应处于关闭状态，焊接连接的阀门应处于关闭状态。

（2）阀门安装的一般规定

1）阀门在搬运时不允许随手抛掷，吊装时钢丝绳索应拴在阀体的法兰处，切勿拴在手轮或阀杆上；

2）在水平管道上安装时阀杆应垂直向上或者倾斜某一角度，不得向下安装；

3）阀门在安装时，应根据管路的介质流向确定其安装方向；

4）安装法兰式阀门时，应保证两法兰端面互相平行和同心；

5）阀门安装高度应便于操作和维修，一般距地面 1.2m；

6）同一房间内的阀门安装高度应一致；

7）并排垂直管道上安装阀门时，应安装在同一标高；并排水平管道上安装阀门时，手轮应相互错开 100mm 以上。

（3）室内管道

1）室内各类管道的主要敷设方式有明装和暗装两种。所谓明装是指管道暴露敷设在墙、柱、梁、楼板上，明装管路穿过墙壁和楼板时，一般宜设套管。所谓暗装是指管道隐蔽敷设在管道井、吊平顶内、装饰板后面、地坪架空层内或者直接埋设在墙体内。

2）室内管道安装有工艺管道也有水暖管道。室内水暖管道一般有干管、立管和支管，安装的步骤是从安装干管开始，然后再安装立管和支管。在土建主体工程完成后，墙面如已粉刷完毕，即可开始室内管道安装工作。水暖管道的安装应与土建的施工密切配合，按照图纸要求预留孔洞，如基础的管道入口洞、楼板的立管洞、墙面上的支架洞、过墙管孔洞以及设备基础地脚螺栓孔洞等。

3）室内管道支吊架的安装应满足刚度条件和强度条件的要求，并考虑管道使用时的稳定性。

（4）室外管道

1）直接埋地敷设

埋地敷设的一般施工程序是测量、放线、开挖管沟、管沟内管段基础处理、管道预制、管道防腐处理、下管、连接、试压、回填土并夯实等。

2）地沟管道敷设

地沟形式分通行地沟、半通行地沟和不通行地沟三种。地沟施工的一般都由土建承担。管道施工人员要主动和土建方面配合，做好地沟支架的预埋工作，确保施工的顺利进行。

3）地上管道的敷设

地上敷设管道就是将管道安装在架空支架上。按支架敷设高度的不同，管道架空可分为低支架敷设、中支架敷设和高支架敷设。

①低支架也称管墩，低层支架面距地面一般为 0.5~1m，由于支架高度低，便于安装维修，支架用料也较省，是一种经济的支架形式。低支架多采用砖砌或钢筋混凝土结构。

②中支架敷设是最常见的一种架空敷设方式，支架距地面高度一般为 2.5~3.0m，这样便于行人来往和机动车辆通行。中支架分 2~3 层，可使较多路管线共架敷设。中支架采用钢筋混凝土结构或钢结构。

③高支架距地面一般为 4.0~6.0m，主要是在管路跨越公路或铁路时采用，支架也可分成 2~3 层，可使较多管路共架敷设，为维修方便，在阀门、流量孔板、补偿器等处置操作平台。高支架采用钢筋混凝土结构或钢结构。

架空管道安装顺序应是：按设计规定的安装坐标，测出支架上的支座安装位置→安装支座→根据吊装条件，在地面上先将管件及附件组成组合管段，再进行吊装→管段及管件的连接→试压与保温。

架空管道支架应在管路敷设前全部安装完毕，钢筋混凝土支架要求到一定的养护强度方可安装。对支架的检查主要是支架的稳固性、标高和坡度等应符合要求。

管道在安装前，应尽可能地在地面上进行预制组装，根据施工图纸把适当数量的管段、管件和阀门组装在一起，然后再分段进行吊装就位，这样可以使大量高空作业变为地面作业，减少固定焊口的数量，减少脚手架的搭建，有利于加快管道工程施工进度，提高施工质量，降低施工成本。

（5）管道系统试压

1）管道安装完毕后，应对管道系统进行压力试验，按试验的目的，可分为检查管道机械性能的强度试验和检查管道连接情况的密封性试验。按试验时使用的介质，可分为用水作介质的水压试验和用气体作介质的气压试验。

2）管道试压前应具备的条件是：

①试验范围内的管道已按设计图纸全部安装完成，安装质量符合有关规定。

②管道接口及其他待检部位尚未防腐和绝热。

③管道已按试验的要求设置临时约束装置和加固措施。

④试验用的压力表已经校检，并在周检期内，其精度不得低于 1.5 级，表的满刻度应为被测最大压力的 1.5~2 倍，压力表不得少于 2 块。

⑤符合压力试验要求的液体或气体已经备齐。

⑥待试管道与无关系统已用盲板或采取其他措施隔开。

⑦待试管道上的安全阀、爆破板及仪表元件等已经拆下或已隔离。

⑧试验方案已经过批准，并已进行了技术交底。

1.2.3.3 主要安装施工技术规范及施工质量验收标准

管道工程施工用的规范种类繁多，可以分为国家标准、行业标准、地方标准和企业标准。当前施工中常用的施工及验收规范有以下几种：

（1）《建筑工程施工质量验收统一标准》（GB50300）；

（2）《建筑给水排水及采暖工程施工质量验收规范》（GB50242）；

（3）《工业金属管道工程施工及验收规范》（GB50235）；

（4）《现场设备、工业管道焊接工程施工及验收规范》（GB50236）；

（5）《自动喷水灭火系统施工及验收规范》（GB50261）；

（6）《通风与空调工程施工质量验收规范》（GB50243）；

（7）《工业设备及管道绝热工程施工及验收规范》（GBJ126）；

（8）《气体灭火系统施工及验收规范》（GB50263）。

1.2.4 自动化仪表安装工程技术

自动化仪表广泛应用在电力、冶金、石油、化工等企业中，主要用于对工程设备及其系统的工况进行测量和控制。

1.2.4.1 自动化仪表工程的安装程序

设备基础检验→仪表柜（盘、操作台）安装→线槽敷设→接线箱（盒）安装→取源部件安装→仪表安装→线路敷设接线→仪表管道安装→校验、调整→系统试验→通电试运行→交工验收。

1.2.4.2 中央控制设备安装技术

（1）控制室仪表柜（盘、操作台）的安装应固定牢固，垂直度、水平度允许偏差符合国家规范的要求。

（2）仪表柜内设备的安装程序：开孔→安装设备与部件→配线→查线→标上部件名称或编号。

（3）柜内安装的电气设备绝缘应良好，带电部分与接地之间的距离不得小于 5mm。仪表柜均应与接地线相连接。弱电系统不应与强电系统共用接地线。

（4）压力表柜与其他柜相邻时，中间应有隔板。仪表柜内表、管应单独排列，与导线之间保持一定距离。仪表柜内压力表下面装有电气设备时，应在导管与电气设备之间安装挡水盘，以保持电气设备的绝缘强度。

1.2.4.3 仪表器件的安装技术

1. 取源部件的安装技术

（1）取源部件的开孔位置应选择在管道的直线段上，不宜在焊缝及其边缘上开孔，应在便于维护和检修的地方开孔。

（2）取源部件避免装在阀门、弯头以及管道和设备的死角附近以及剧烈振动和冲击的地方。

（3）压力取源部件与温度取源部件在同一管段上时，压力取源部件应安装在温度取源部件的上游侧；在检测温度高于 60℃ 的液体、蒸汽和可凝性气体的压力时，安装的压力表的取源部件应带有环形或 U 形冷凝弯。

（4）分析取源部件的安装位置，应选在压力稳定、能灵敏反映真实成分变化和取得具有代表性的分析样品的地方。取样点的周围不应有层流、涡流、空气渗入、死角、物料堵塞或非生产过程的化学反应。

（5）在水平和倾斜的管道上安装压力取源部件时，当测量气体压力时，取压点在管道的上半部；测量液体压力时，取压点在管道的下半部与管道的水平中心线成 0～45°夹角的范围内；测量蒸汽压力时，取压点在管道的上半部以及下半部与管道水平中心线成 0～45°夹角的范围内。

（6）节流装置在水平和倾斜的管道上安装时，当测量气体流量时，取压口在管道的上半部；测量液体流量时，取压口在管道的下半部与管道水平中心线成 0 ~ 45°角的范围内；测量蒸汽时，取压口在管道的上半部与管道水平中心线成 0 ~ 45°角的范围内。

（7）内浮筒液位计和浮球液位计采用导向管或其他导向装置时，导向管或导向装置必须垂直安装，并应保证导向管内液流畅通；浮球式液位仪表的法兰短管必须保证浮球能在全量程范围内自由活动；电接点水位计的测量筒应垂直安装。

2. 变送器、传感器的安装技术

（1）变送器和传感器的安装一般采取"大分散、小集中"的原则，使其布置地点靠近取源部件，同时安装地点应避开强烈震动源和电磁场。

（2）安装变送器的管道宜设置旁路管，在旁路管和变送器两侧装有截止阀门，在变送器拆卸或校验时，管道能正常运行。

（3）变送器安装时要注意方向（按箭头所示方向），流体应对准靶正面，即靶室较长的一端为流体的入口端。为了提高变送器的测量准确度，变送器前后的直管段长度不应短于管道内径的 5 倍。

（4）测量气体介质压力时，变送器安装位置宜高于取压点，测量液体或蒸汽压力时，变送器安装位置宜低于取压点。

（5）单法兰液位变送器一般安装在最低液位的同一水平线上。

（6）双法兰式差压变送器毛细管的敷设应有保护措施，其弯曲半径不应小于 50mm，周围温度变化剧烈时应采取隔热措施。

（7）靶式流量变送器一般安装在水平管道上，若安装在垂直管道上时，流体的方向应为由下而上。

（8）测温元件安装前，应根据设计要求核对型号、规格和长度。保护套管应直接与被测介质接触。铠装电偶浸入被测介质的长度，应不小于其外径的 6 ~ 10 倍；铠装热电阻浸入被测介质的长度，不应小于其外径的 8 ~ 10 倍。测温元件安装在易受被测物料强烈冲击的位置以及当水平安装时其插入深度大于 1m 或被测温度大于 700℃时，应采取防弯曲措施。

（9）节流件必须在管道吹洗后安装。节流件的安装方向，必须使流体从节流件的上游端面流向节流件的下游端面。孔板的锐边或喷嘴的曲面侧应迎着被测流体的流向。

（10）测量设备管壁（锅炉的汽包壁、过热器管壁、汽缸的内外壁、主蒸汽管壁等）温度的铠装热电偶安装前应检查其绝缘状况和极性，安装时应固定牢靠，测量端与金属壁紧密接触并一起保温，再用补偿导线引至接线盒。

3. 开关量仪表的安装技术

（1）固体膨胀式温度开关一般为螺纹固定安装方式。

（2）流量开关一般直接安装在流动介质中，安装时必须注意检测部件的允许运动方向应与流体方向一致。

（3）安装浮球液位开关时，法兰孔的安装方位应保证浮球的升降在同一垂直面上，法兰与容器之间安装连接管的长度，应保证浮球能在控制范围内自由活动。

（4）浮筒液面计的安装应使浮筒呈垂直状态，处于浮筒中心正常液位或分界液位。浮筒液位控制器的导向管必须垂直安装。导向管和下挡圈均应固定牢靠，并使浮筒位置限制在所控制的范围内。

（5）电接触液位控制器适用于电导率较高的液体，对于不同的液体和工作条件，其电极应选用不同的材质和不同的结构。

（6）雷达液面计安装时，其法兰面应平行于被测液面，探测器及保护管应按设计和制造厂要求进行安装，一般插入罐体 3~5cm。

（7）电容物位控制器的电极一般垂直安装，也可以水平或倾斜安装。安装位置应根据料槽内物料高度的要求而定。

（8）超声物位控制器的发射器和接收器的辐射面尽可能互相对准。

（9）物位开关应安装在方便电气接线的地方，安装应牢固，浮子应活动自如。

1.2.4.4 仪表线路安装技术

（1）当缆槽、电缆沟及保护管通过不同等级的爆炸危险区域的分隔间壁时，在分隔间壁处必须做充填密封。在缆槽或电缆沟内敷设本质安全回路电缆应集中于同一区内，与非本质安全回路之间应用金属隔板隔开。

（2）光缆敷设前应进行外观检查和光纤导通检查。光缆的弯曲半径不应小于光缆外径的 15 倍。

（3）补偿导线应穿保护管或在电缆槽内敷设，不应直接埋地敷设，敷设前要核对型号与分度号。

（4）从外部进入仪表柜（盘、箱）内的电缆、电线应在其导通检查及绝缘电阻检查合格后再进行配线。

1.2.4.5 仪表管道安装技术

（1）仪表管道埋地敷设时，应经试压合格和防腐处理后方可埋入。直接埋地的管道连接时必须采用焊接，在穿过道路及进出地面处应加保护套管。

（2）金属气动信号管线必须用弯管器冷弯，且弯曲半径不得小于管子外径的 3 倍，气动信号管线安装时应避免中间接头，如无法避免时，宜采用承插焊接或卡套式中间接头。

（3）气源管道采用镀锌钢管时，应用螺纹连接，拐弯处应采用弯头，连接处必须密封；采用无缝钢管时，应焊接连接。控制室内的气源总管应有坡度，并在其集液处安装排污阀。

1.2.4.6 自动化仪表安装工程试验及验收

（1）安装在爆炸危险环境的仪表、仪表线路、电气设备及材料，必须具有符合国家或行业标准规定的防爆质量技术鉴定文件和防爆产品出厂合格证书。

（2）仪表管道的压力试验以液体为试验介质。仪表气源管道和气动信号管道以及设计压力小于或等于 0.6MPa 的仪表管道，可采用气体为试验介质。液压试验压力应为 1.5 倍的设计压力，气压试验压力应为 1.15 倍的设计压力。

（3）仪表工程的回路试验和系统试验进行完毕，即可开通系统投入运行；仪表工程连续 48h 开通投入运行正常后，即具备交接验收条件；编制并提交仪表工程竣工资料。

1.2.4.7 主要安装施工技术规范及施工质量验收标准

（1）《自动化仪表工程施工及验收规范》（GB50093—2002）

（2）《自动化仪表工程施工质量验收规范》（GB50131—2007）

（3）《石油化工仪表工程施工技术规程》（SH3521—1999）

1.2.5 防腐蚀与绝热工程施工技术

为了减少设备及管道的腐蚀速度，延长其使用寿命，就要对设备及管道进行防腐蚀处理。而绝热是保证正常生产及生活的最佳温度范围，减少冷热载体在输送及使用中的能量损失，降低能源消耗和产品成本的重要手段之一。

1.2.5.1 防腐蚀工程施工技术

1. 金属表面预处理方法

金属表面的锈蚀、油污等污染物的存在，会严重影响防腐层与金属的结合强度，影响防腐层的使用寿命，所以在防腐施工前，必须对金属表面进行预处理。

金属表面预处理的方法主要有人工、动力工具除锈，喷射除锈，化学除锈等方法。

（1）人工、动力工具除锈

人工、动力工具除锈适用于对预处理表面质量要求不高，工作量不大的除锈作业。

手工除锈可采用手锤、刮刀、铲刀、钢丝刷及砂布等，采用手工除锈时不得使金属表面受损、变形。

手工或动力工具除锈表面预处理的质量等级分为 St2、St3。

（2）喷射除锈

喷射除锈是采用高压空气为动力，通过喷砂嘴将磨料喷射到金属表面，依靠磨料棱角的冲击和摩擦，去除金属表面的锈蚀和污垢，使金属表面呈现一定的粗糙度并显露出金属本色。喷射除锈目前广泛用于钢结构制造等行业，是处理效率很高、处理质量很好的一种方法。但在喷射做作业时会产生大量灰尘，需要采取措施进行处理，防止污染大气环境。

喷射除锈的质量等级分为 Sa2、Sa2 $\frac{1}{2}$、Sa3。

（3）化学除锈

化学除锈就是利用酸溶液或者是碱溶液与金属表面的氧化物发生反应，用以除去锈蚀的方法。化学处理的方法有循环法、浸泡法和喷射法等。镀锌零部件、镀锌钢丝等，在镀锌前都要经过酸洗的方法除锈。

酸洗液的配置必须按照规定的配方进行，称量应准确，搅拌应均匀。

化学除锈的质量等级为 Pi。

2. 防腐蚀涂层的施工方法

防腐蚀涂层常用的施工方法有刷涂、浸涂、淋涂和喷涂。

（1）刷涂

刷涂就是人工的方法使用毛刷、滚刷等工具，将涂料刷涂在金属表面。刷涂法可以使涂料渗透到金属表面的细孔，加强涂料对金属表面的附着力。刷涂经常用于施工现场碳钢管道、管架及储罐的外表面防腐。

（2）浸涂

浸涂就是将被涂装物浸没在盛有涂料的容器里，是被涂装物表面沾满涂料，随即取出，取出多余的涂料。

此方法适用于结构复杂的器材或零件，例如对已经装好的列管式换热器内部列管的防腐处理等。

（3）喷涂

喷涂是利用压缩空气在喷嘴产生的负压将涂料容器中的涂料从喷嘴喷出，并迅速进入高速气流使涂料急剧扩散，被分散为雾状微粒射向被涂物，均匀涂布在物体表面。该法要求涂料的黏度比较小，常在涂料中加入稀释剂。这种方法涂料均匀，外观平整，生产效率高。但对环境的污染大，涂料浪费大。

3. 金属镀层

金属镀层主要有热度、渗镀、电镀、喷镀等。

（1）热镀

热镀就是把经过表面预处理的金属物体浸入融化的镀层金属中，经过一段时间取出，是金属物体表面沾上一层镀层金属。热镀层的金属有锌、铝、锡、铅等。

例如镀锌钢丝、镀锌扁钢、镀锌管托等都属于这种热镀。

（2）渗镀

渗镀就是把金属材料或零部件放进含镀层金属或它的化合物的粉末混合物、熔盐浴或蒸汽等环境中，使热分散或还原反应析出的金属原子扩散到金属中去，在其表面形成合金化镀层。这种方法也可用来使金属表面硬化，例如低合金钢表面的渗碳处理。

（3）电镀

电镀就是将电解液中的金属离子在直流电的作用下，在阴极上沉淀出金属而形成镀层的工艺方法。自行车零部件的电镀、许多机械设备操作手柄的电镀，都是采用这种方法。

（4）喷镀

喷镀就是利用燃烧或电能，把加热到熔化或接近熔化状态的金属微粒，喷射到金属表面而形成保护层的一种工艺方法。较大的零部件，如水利闸门的喷镀等。

4. 衬里保护法

衬里保护法是利用不同材料的特性，具有较长使用寿命的防腐蚀方法。衬里就是根据不同介质条件，在设备（容器）的表面选衬里适宜的非金属材料，如砖板衬里、玻璃钢衬里、橡胶衬里、陶瓷衬里等。

衬里施工对胶粘剂的配置、施工要求、环境要求等都十分严格，必须严格掌握。例如制浆工程中的漂白塔常采用橡胶衬里或砖板衬里，而化工厂里常用的反应釜常采用玻璃衬里。

1.2.5.2 绝热工程施工技术

1. 绝热材料

（1）对绝热材料的一般要求

1）保温性能好：决定保温性能的是绝热系数，绝热材料的绝热系数越小，其绝热性能越好。绝热系数与温度和湿度有关，湿度增大，绝热系数增大；湿度增加，绝热系数增大。

2）耐温性能好，性能稳定，能长期使用。

3）容重小：容重小不仅耐热系数小，而且减轻管道及设备的附加重量。

4）有一定的机械强度，便于施工，不容易损坏。

5）无毒，对设备、管道无腐蚀，对环境没有影响。

6）可燃物和水分含量极少，不燃或阻燃，便于加工成型。

（2）常用绝热材料

1）岩棉类制品

导热系数 0.041～0.045，防火，阻燃，吸湿性大，保温效果较差，价格便宜。

2）超细玻璃棉

导热系数常温不大于 0.028，容重小，保温效果好，防火，阻燃，吸湿性大，价格较贵。

3）陶瓷类保温制品

导热系数 0.08～0.10，防火，不燃，不吸水，施工方便，使用耐久。

4）珍珠岩制品

导热系数 0.07～0.09，防火性好，耐高温保温效果差，吸水性高，价格便宜。

5）膨胀聚苯板（EPS 板）

导热系数 0.037～0.041，保温效果好，价格便宜，强度稍差。

6）挤塑聚苯板（XPS 板）

导热系数 0.028～0.03，保温效果更好，强度高，耐潮湿，价格贵，施工时表面需要处理。

7）聚氨酯发泡材料

导热系数 0.025～0.028，防水性好，保温效果好，强度高，价格较贵。

8）酚醛树脂复合板（有机类）

导热系数 0.029～0.03，保温效果更好，强度高，耐潮湿，价格贵，施工时表面需要处理。

例如：啤酒发酵罐的保温，常采用聚氨酯发泡材料现场发泡成型；埋地采暖管道和输送冷媒的管道常采用聚氨酯发泡预制保温管，既防水，绝热效果又好；而架设蒸汽管道保温大多采用岩棉或超细玻璃棉预制管。

2. 绝热层施工技术要求

（1）绝热层使用的材料必须符合设计和相关规范的要求，如有疑问，要按照有关规范的要求进行抽检。

（2）当采用一种绝热制品，保温层厚度大于或等于 100mm，且保冷层厚度大于或等于 80mm 时，绝热层施工必须分层错缝进行，各层的厚度应接近。拼缝宽度保温层不大于 5mm，保冷层不大于 2mm。

（3）伴热管与主管的加热间隙严禁堵塞。

（4）预制成型管中管结构施工完毕后，补口处的绝热层必须整体严密。

（5）保冷层和高温保温层的各层伸缩缝必须错开，错开距离应大于 100mm。

（6）设备及管道上的观察孔、监测点、维修处等可拆卸式绝热层的质量应符合下列要求：

1）可拆卸式结构保冷层的厚度应与设备或管道保冷层厚的相同。

2）保冷层可拆卸式结构与固定结构之间应做密封处理。

例如大型储罐保温层设计使用岩棉板，厚度为 100mm。一般采用 50mm 厚岩棉板双层敷设，环缝和纵缝都要错开至少 100mm。拼缝要严密，最大宽度不得超过 5mm。

再如，埋地聚氨酯保温预制管道在接口焊接完成后绝热要进行补口，补口处的绝热层必须严密，绝热层大于或等于 100mm 的要错缝敷设，其拼缝宽度不得超过 5mm，保护层的接口必须严密，不得有渗水发生。

3. 防潮层施工技术要求

防潮层主要是对保冷结构进行防水防潮，所以主要的技术要求就是要保证防潮层严密并耐用。

（1）保冷层的外表面应干净、干燥、平整，不得有尖角、凹凸等现象。

（2）防潮层使用的材料必须符合设计及相关规范的要求，如有疑问，要按照相关规范进行抽验。

（3）防潮层必须按照设计要求的防潮结构及顺序进行施工。

（4）当防潮层采用玻璃纤维布或塑料网格布为加强布，采用聚氨酯、聚氯乙烯、涂膜弹性体等高分子防水卷材或采用符合铝箔等符合材料时，防潮层材料的层数、层厚及总厚度等应符合设计规定。

（5）防潮层采用搭接法施工时，环向、纵向应顺水压缝搭接，压缝应均匀、规则，搭接宽度应符合相关规范的要求。

（6）管托、支吊架以及设备接管、支座等部位的防潮层接口部位应粘贴紧密，应无断开、断层、虚粘、翘口、脱层、开裂等缺陷，封口应严密。

4. 保护层施工技术要求

保护层能有效地保护绝热层及防潮层，以阻挡环境和外力对绝热结构的影响，延长绝热层的使用寿命并保持外观的整齐美观。常见的保护层有金属护板保护层，毡、箔、布类，防水卷材，玻璃钢制品保护层，涂膜弹性体保护层和抹面保护层。

（1）使用金属保护层时可直接将压好边的金属卷板合扣在绝热层外，用自攻螺丝固定。设备直径大于1m时，宜采用波形板，直径小于1m的采用平板。大型储罐的金属保护层的接缝应呈棋盘形错列布置，封头应做成橘瓣式。

（2）设备及管道金属保护层的环向、纵向接缝必须上搭下，水平管道的环向接缝应顺水搭接。

（3）当固定保冷结构的金属保护层时，严禁损坏防潮层。

（4）当采用毡、箔、布类，防水卷材，玻璃钢制品等包缠型保护层时，搭接方向必须上搭下，顺水搭接。外观应无松脱、翻边、豁口、翘缝、气泡等缺陷，表面应整洁美观。

（5）涂膜弹性体材料的配置应按产品说明书的要求进行，其保护层应形成一个整体，涂膜厚度应均匀一致。

（6）采用抹面保护层时其表面应无疏松层、未投入使用前应无干缩裂缝。

（7）保护层伸缩缝的施工应符合相关规范的规定。

1.2.6 工业炉窑砌筑工程施工技术

1.2.6.1 工业炉窑砌筑工程一般施工程序

1. 工业炉窑砌筑工程所含子分部工程

工业炉窑砌筑工程是建筑安装工程的一个分部工程，它包括专业工业炉窑和一般炉窑的砌筑。

（1）专业工业炉窑有：

1）冶金工业炉包括：炼铁炉、炼钢炉、煤气炉、炼焦炉、烧结炉、干熄槽等。

2）有色金属工业炉包括：闪速炉、炼铜炉、电解槽、鼓风炉、锌精馏炉等。

3）石油化工及煤化工工业炉包括：裂解炉、气化炉、转化炉及分离塔、分馏塔等。

4）建筑材料工业炉包括：玻璃炉窑、水泥厂回转窑、烧砖、烧瓷的隧道窑、烘干炉、辊道窑等。

（2）一般炉窑包括：加热炉、热处理炉（即回头、正火、淬火、退火）等。

（3）其他工业炉窑包括：连续式直立炉、电站锅炉及脱硫、除尘、工业锅炉（即蒸汽锅炉和热水锅炉等）。

上述每一种工业炉窑的砌筑工程都属于独立的子分部工程。

2. 工业炉窑砌筑工程的主要施工内容

工业炉窑砌筑工程主要施工内容是：

（1）耐火、耐热材料的选择，包括耐火砖、耐火泥、耐热混凝土及填料、胶粘料等的选用。

（2）耐火砖等砌筑材料的几何尺寸的检测选定和按尺寸进行分类，备砌筑。

（3）炉膛结构、框架支撑结构的制作或安装。

（4）耐火混凝土、耐热混凝土的配制、搅拌及浇筑和养护。

（5）耐火砖和外用护结构的砌筑、养护。

（6）膨胀缝材料的填充及施工。

（7）烟囱的浇筑和衬里施工。

（8）烟道的砌筑施工。

（9）换热器及排烟辅助设备的安装。

（10）炉墙、炉体的烘干等。

3. 工业炉窑砌筑工程的施工程序

工业炉窑砌筑工程施工包括动态式炉窑和静态式炉窑及浇筑炉窑，它们的施工程序是：

（1）动态式炉窑施工程序

动态式炉窑砌筑的施工程序应考虑起始点的选择和砌砖的顺序，一般情况是，从热端向冷端或者是从低端向高端依次砌筑，其主要施工程序是：

作业面清理→划线→耐火砖选择分类→灰浆调制→涂灰浆→砌砖→锚钉埋设→托板制作安装锚固→隔热层施工→伸缩缝施工→伸缩缝填料施工→砌筑收尾→钩缝→自然风干→中间验收检验→烘墙烘干

（2）静态式炉窑的施工程序

静态式炉窑砌筑施工起始点的选择一般应是自下而上，由热端向冷端顺序进行施工砌筑，其程序是：

起始点选择确定→作业面清理→划线确定基准点→选砖型号形状分类→锚固钉和托砖板的加工制作、安装→隔热层的安装→灰浆的调制→起拱胎具的制作安装→起拱、锁砖→膨胀缝预留施工→膨胀缝填料

（3）耐火、耐热浇注料砌筑的施工程序

耐火、耐热浇注料浇注施工不同于砌筑，它是现场直接浇筑，其施工程序是：

浇筑材料检查与验收→锚固钉的制作、安装、检验→模板制作与安装→防水剂涂刷→浇注料的配制→浇注料的搅拌→模块（试块）取样制作→浇注料浇筑→振捣密实→模板拆除→膨胀缝施工→膨胀缝填料→浇筑料成品养护→试块试验→验收

1.2.6.2 工业炉窑砌筑工程施工一般要求

1. 耐火砖砌筑要求

（1）了解并应掌握炉窑砌筑工程砌砖的施工特点和施工操作要点及施工工艺；目前，常见的砌体有耐火砖砌体、不定形耐火材料砌体、耐火陶瓷纤维砌体、混合衬砌体等，因此应对不同的砌体采用不同的方法施工，而对复杂的和重要的部位应做预测预砌，以确保砌筑质量和观感。

（2）在耐火砖砌筑前，必须选好砖，并将砖的几何尺寸进行分类编号，以便砌筑时对号入座，确保炉体尺寸准确。

（3）不同材质的耐火砖选用不同的灰浆，灰浆配比应先试验，确定技术参数后再用于砌筑施工。

（4）在砌筑过程中，应该重视以下技术要求：

1）砌砖时，泥浆要饱满，灰缝一定要薄而均匀，表面应勾缝，灰缝不得超过规范规定。干砌底墙时，砖缝内应以干耐火粉填满。

2）选设炉墙膨胀缝时，应尽量避开受力部位及炉体骨架和砌体中的孔洞，砌体内外层膨胀缝不应相互贯通，砌体上下层膨胀缝应互相错开。

3）凡是圆形炉墙应依中心线对称砌筑。但是，炉墙不得有三层或三环重缝，上下两层和相邻两环的重缝不能在同一位置。

4）砌筑时，当炉壳的中心线误差和直径误差符合炉内形的要求时，可以以炉壳为导向进行砌筑。

5）砌筑拱和拱顶时，必须从两侧拱脚同时向中心对称砌筑，砌筑时，严禁将拱砖大小头倒置。砌拱锁砖比较讲究，也比较麻烦，但一定要事先做好测量和锁砖加工，同时还要考虑到锁砖的锁口位置和打入的方向，最后还要打入钢板使其锁砖打紧。

6）拆除拱模时，先应检查锁砖是否打紧，两侧是否用钢板塞紧，埋设的骨架拉钩螺是否拧紧，否则不允许拆模。

7）凡是不严的砌筑砖缝必须用薄钢板塞紧，尤其是可转动的炉窑更应进行转动检查，发现问题采取措施补救。

（5）砌砖时应注意：

1）施工过程中，应用木槌或橡胶锤轻敲砌砖校正或塞紧。

2）严禁在砌体墙上加工耐火砖。

3）在灰浆干固之前，不允许敲打炉体，砌砖暂停或拆除时，应将断面做成梯形斜槎，以保证其强度及严密。

4）凡是加工后的砖不能朝向炉膛内和膨胀缝内。

5）耐火砖加工后的几何尺寸不能小于原砖几何尺寸的2/3。

6）冬期施工应采取保暖措施或搭设暖棚，如无上述条件，环境温度低于5℃时，应停止砌筑施工。

2. 耐火浇注料的施工要求

（1）严格按设计和规范要求选择和加工锚固件。

（2）模板加工和安装一定要按设计或施工组织设计规定施工，支模时，必须保证牢固，接缝严密，内板平整光滑。预留膨胀缝的木条固定一定要牢，防止受振捣时位移或损坏。

（3）根据不同的浇注料应考虑模板内设置隔离层，浇注前应将模板内涂刷隔离剂。

（4）浇注料施工

1）按设计要求和规范规定，选择合格的浇注料，施工前应进行配合比试验，合格后确定不同技术参数比例，再正式施工。一次配制的浇筑料，必须在30分钟内用完。

2）浇注施工必须连续进行，否则留施工缝或采取相应的技术措施。

3）施工振捣时应注意，如是振动棒振捣，浇筑厚度不要超过振动棒作用部分长度的1.25倍，如果用平板振动器，其浇筑厚度不应超过200mm。

4）浇注料也可以采取干式喷涂施工，也可以采用湿式喷涂施工，这两种涂料施工都比较成熟，而且质量和速度及效率都比较高，特别适合大型或特大型炉型的耐热混凝土及保温混凝土的浇筑施工。

5）浇注料冬季施工时，应将浇注料和水进行加热，同时还应加热喷涂管、炉体等。

6）炉墙浇筑施工的养护环节也很重要，它是保证施工质量的重要措施之一，因此应特别重视：

①硅酸盐耐火浇注料采用浇水养护，尤其是高铝水泥更为重要。

②水玻璃浇注料自然养护，不得浇水。

③磷酸耐火浇注料应自燃干燥，不能用水或蒸汽养护，低温环境时，应适度采取低温烘干。

④冬期施工时，应根据不同的浇注料选择养护方法，即：

a. 水泥耐火浇注料可采取蓄热法或加热法养护，硅酸盐水泥养护时加热温度不宜超过80℃，而高铝水泥养护不宜超过30℃；

b. 黏土、水玻璃和磷酸盐耐火浇注料养护应采用干热法，而加热水玻耐火浇注料的温度不得超过60℃；

c. 采取喷涂施工的炉体养护依据不同材料对照上述办法选择养护的方法。

（5）烘炉

炉墙砌筑及浇筑都应进行干燥或烘炉，烘炉应根据设计和规范的要求或规定，依材质不同选择不同的烘干方法，一般情况是：

1）蒸汽烘干，在有蒸汽源的情况下，蒸汽烘干是最好的办法，既环保、又节能，操作简单而节省费用。

2）木柴烘干，常用办法，不污染炉墙，但是最不环保，最不经济。

3）燃气烘干，操作简单又环保。

4）柴油烘干，操作简单、不环保，又污染炉墙。

5）煤烘干，操作复杂，费人工，不环保，但比较经济。

6）烘炉的条件和要求

①烘炉前，尽量自然干燥，才能缓慢烘炉。

②烘炉前应根据不同炉型制定烘炉措施，确定烘炉升温、降温曲线，切忌急热急冷。

③确定烘炉方式之后，一定要规定烘炉时间，恒温时间，最高烘炉温度出现时间，并记录，绘出时间与温度曲线，取样检测合格后才能停烘。

④烘炉一定要升温缓慢，每个升温段都应有恒温时间段，使炉体充分蓄热而析出水分，达到烘干的目的。

⑤烘干时出现问题时，停炉后仔细观察，分析原因，制定措施，及时处理，保证投产安全。

（6）环保措施

1）运输、配料、施工等都应在密封或相对封闭的条件下进行，防止扬尘等污染环境和道路，建筑垃圾应及时清理并运至指定位置或区域弃放。

2）泥浆及污水严禁直接排入污水管或雨水管内，应先在池内沉积，然后再排入雨水管内。

3）切忌夜间切割耐火砖和振捣浇筑料，防噪声污染。

3. 工业炉窑砌筑工程竣工验收要求

（1）竣工验收的基本条件

1）炉窑工程烘炉完成，工程质量检验合格，工程缺陷全部消除，并经监理验收合格，并完全具备投入生产运行的条件。

2）按设计、规范要求和规定的所有交工竣工资料完整、齐全，并经业主、监理、施工单位三方有关人员签字认定。

3）检验、测试报告完整、齐全，并经有关人员签认。

4）单位工程、分项工程质量验收记录报验并获批准。

5）工程竣工报告报监理和业主并获批准。

（2）工程竣工验收

在完成上述各项内容之后，由建设单位主持并召集监理单位、设计单位、施工单位等共同审查检验验收，并由建设单位和监理单位做出验收结论，四方共同商讨，验收签认。

1.2.6.3 主要安装施工技术规范及施工质量验收标准

工业炉窑砌筑工程应根据不同类型的特点，选择不同的施工验收规范和施工质量标准。

1. 规范选择

（1）一般工业炉窑选用《工业炉窑砌筑工程施工验收规范》（GB50211）。

（2）电站锅炉筑炉工程选用《电力建设施工及验收技术规范》（锅炉机组篇）（DL/T—5047）。

（3）一般工业锅炉砌筑工程选择《锅炉安装工程施工及验收规范》（GB50273）。

（4）上述三个规范之相关的质量验收标准。

（5）特殊工程和专业工程，比如冶金、石油、化工等炉、窑、塔等砌筑工程，除参照上述规程、标准外，还要执行专项工程设计、地方、厂家等提供的相关的技术要求和技术标准。

2. 执行规范和主要内容

上述规范、规程、标准都包括：总则、术语、基本规定、主控项目、一般项目及相关的验收记录。这些规范所规定的强制性条文，在施工过程必须认真执行，并需制定执行强制性条文的具体技术措施，以保证工程质量。

工业炉窑砌筑工程施工规范还包括材料选择、泥浆的配比和试验、埋件制作安装、浇注料配比试验和施工、模板加工制作与安装、养护、烘干等。同时对工程质量验评、报验及交工验收都作了具体规定，因此施工技术管理人员都必须了解并掌握上述内容，掌握工业炉质量验收的划分，质量验收规定，质量验收的规定、程序和组织，这样才能组织好整个施工与验收过程。

1.2.7　通风与空调工程施工技术

1.2.7.1　通风与空调工程的一般施工程序

1. 通风与空调工程所含子分部工程

是建筑工程的一个分部工程，包括送、排风系统，防、排烟系统，除尘系统，空调系统，净化空调系统，制冷系统和空调水系统等七个独立的子分部工程。

2. 通风与空调工程的主要施工内容

包括：风管及其配件的制作与安装，部件制作与安装，消声设备的制作与安装，除尘器与排污设备安装，通风与空调设备、冷却塔、水泵安装，高效过滤器安装，净化设备安装，空调制冷机组安装，空调水系统管道、阀门及部件安装，风、水系统管道与设备防腐绝热、通风与空调工程的系统调试等。

3. 通风与空调工程的一般施工程序

施工前的准备→风管、部件、法兰的预制和组装→风管、部件、法兰的预制和组装的中间质量验收→支吊架制作安装→风管系统安装→通风空调设备安装→空调水系统管道安装→通风空调设备试运转、单机调试→风管、部件及空调设备绝热施工→通风与空调工程系统调试→通风与空调工程竣工验收→通风与空调工程综合效能测定与调整。

1.2.7.2　通风与空调工程的一般施工要求

（1）根据施工现场条件，核对相关施工图，复核预留孔、洞，进行管线和系统优化路径的深化设计，并征得原设计人员的确认。

（2）与设备和阀部件的供应商沟通，对进入施工现场的主要原材料、产成品、半成品和设备进行验收并得到监理工程师的认可，形成文件。

（3）风管系统按其系统的工作压力（P）划分为三个类别：系统工作压力 $P \leqslant 500\text{Pa}$ 为低压系统；$500\text{Pa} < P \leqslant 1500\text{Pa}$ 为中压系统；$P > 1500\text{Pa}$ 为高压系统。不同类别的风管、部件及绝热材料的板材厚度、材质与加固措施，应符合设计要求和施工验收规范规定。

（4）防火风管的本体、框架与固定材料、密封垫料必须为不燃材料，其耐火等级应符合设计的规定。复合材料风管的覆面材料必须为不燃材料，内部的绝热材料应为不燃或难燃 B1 级，且对人体无害的材料。

（5）风管内严禁其他管线穿越；输送含有易燃、易爆气体或安装在易燃、易爆环境的风管系统应有良好的接地，通过生活区或其他辅助生产房间时必须严密，并不得设置接口；室外立管的固定拉索严禁拉在避雷针或避雷网上。

输送空气温度高于80℃的风管，应按设计规定采取防护措施。

（6）风管系统安装完毕，应按系统类别进行严密性试验，漏风量应符合设计和施工质量验收规范的规定。低压风管系统在加工工艺得到保证的前提下，可采用漏光法检测，当漏光法检测不合格时，应按规定的抽检率做漏风量测试。中压风管系统应在漏光法检测合格后，用测试设备进行漏风量测试的抽检，抽检率为20%，且不得少于一个系统。高压风管系统在漏光法检测合格后，应全部用测试设备进行漏风量测试。风管系统安装后期阶段，注意与装饰装修工程交叉作业时的成品保护。

（7）净化空调系统风管、附件的制作与安装，应符合高压风管系统（空气洁净度1~5级洁净室）和中压风管系统（空气洁净度6~9级的洁净室）的相关要求。风管制作和清洗应选择具有防雨篷和有围挡相对较封闭、无尘和清洁的场所。

施工中，金属风管如果钢板的厚度不符合要求，咬口形式选择不当，没有按照规范要求采取加固措施，或加固的方式、方法不当，会造成金属风管刚度不够，易出现管壁不平整，风管在两个吊架之间易出现挠度；系统运转启动时，风管表面颤动产生噪声，造成环境污染；风管产生疲劳破坏，影响风管的使用寿命。输送高温气体、易燃、易爆气体或穿越易燃、易爆环境镀锌钢板风管若没有设置接地或接地不合格，一旦有静电产生，将导致管道内的易燃、易爆气体，或易燃、易爆环境产生爆炸，造成严重损失。

1.2.7.3　空调水系统管道的安装要求

空调水系统包括冷（热）水、冷却水、凝结水系统的管道及附件。空调用蒸汽管道的安装，应按《建筑给水排水及采暖工程施工质量验收规范》（GB50242）的规定执行，与制冷机组配套的蒸汽、燃油、燃气供应系统和蓄冷系统的安装，还应符合设计文件、有关消防规范以及产品技术文件的规定。

1.2.7.4　通风与空调设备安装的要求

通风与空调工程设备安装包括通风机，空调机组，除尘器，整体式、组装式及单元式制冷设备（包括热泵），制冷附属设备以及冷（热）水、冷却水、凝结水系统的设备等，这些设备均属通用设备，施工中应按现行国家标准《机械设备安装工程施工及验收通用规范》的规定执行。设备就位前应对其基础进行验收，合格后方能安装。设备的搬运和吊装必须符合产品说明书的有关规定，做好设备的保护工作，防止因搬运或吊装而造成设备损伤。通风机传动装置的外露部位以及直通大气的进、出口，必须装设防护罩（网）或采取其他安全设施。

1.2.7.5　风管、部件及空调设备防腐绝热施工要求

普通薄钢板在制作风管前，宜预涂防锈漆一遍，支、吊架的防腐处理应与风管或管道相一致，明装部分最后一遍色漆，宜在安装完毕后进行。风管、部件及空调设备绝热工程施工应在风管系统严密性试验合格后进行。空调水系统和制冷系统管道的绝热施工，应在管路系统强度与严密性检验合格和防腐处理结束后进行。

1.2.7.6　通风与空调系统调试要求

（1）通风与空调工程安装完毕，必须进行系统的测定和调整（简称调试）。系统调试应包括设备单机试运转及调试；系统无生产负荷下的联合试运转及调试。防排烟系统联合试运行与调试的结果（风量及正压），必须符合设计与消防的规定。

（2）通风与空调系统联合试运转及调试由施工单位负责组织实施，设计单位、监理单位和建设单位参与。

（3）系统调试主要考核室内的空气温度、相对湿度、气流速度、噪声或空气的洁净度能否达到设计要求，是否满足生产工艺或建筑环境要求，防排烟系统的风量与正压是否

符合设计和消防的规定。空调系统带冷（热）源的正常联合试运转，不应少于 8 小时，当竣工季节与设计条件相差较大时，仅作不带冷（热）源试运转，例如：夏季可仅做带冷源的试运转，冬期可仅做带热源的试运转。

1.2.7.7 通风与空调工程竣工验收要求

施工单位通过无生产负荷的系统运转与调试以及观感质量检查合格，将工程移交建设单位，由建设单位负责组织，施工、设计、监理等单位共同参与验收，合格后办理竣工验收手续。

1.2.7.8 通风与空调工程综合效能的测定与调整要求

（1）通风与空调工程交工前，在已具备生产试运行的条件下，由建设单位负责，设计、施工单位配合，进行系统生产负荷的综合效能试验的测定与调整，使其达到室内环境的要求。

（2）综合效能试验测定与调整的项目，由建设单位根据生产试运行的条件、工程性质、生产工艺等要求进行综合衡量确定，一般以适用为准则，不宜提出过高要求。

1.2.7.9 主要安装施工技术规范及施工质量验收标准

必须严格执行的强制性条文《通风与空调工程施工质量验收规范》（GB50243）、《通风与空调工程施工规范》（GB50738）、《通风管道施工技术规程》（JGJ141）等。规范的主要内容，例如《通风与空调工程施工质量验收规范》包括：总则，术语，基本规定，风管制作，风管部件与消声器制作，风管系统安装，通风与空调设备安装，空调制冷系统安装，空调水系统管道与设备安装，防腐与绝热，系统调试，竣工验收，综合效能的测定与调整。该规范规定了 14 条必须严格执行的强制性条文，例如："6.2.1 在风管穿过需要封闭的防火、防爆的墙体或楼板时，应设预埋管或防护套管，其钢板厚度不应小于1.6mm。风管与防护套管之间，应用不燃且对人体无危害的柔性材料封堵。"

1.2.8 建筑智能化工程安装技术

1.2.8.1 火灾自动报警及消防联动系统安装技术

（1）点型火灾探测器至墙壁、梁边的水平距离不应小于0.5m；火灾探测器周围0.5m内不应有遮挡物；火灾探测器至空调送风口边的水平距离不应小于1.5m；至多孔送风口的水平距离不应小于0.5m。

（2）在宽度小于3m的内走道顶棚上设置火灾探测器时宜居中布置。感温探测器的安装间距不应超过10m；感烟探测器的安装间距不应超过15m。探测器距墙的距离不应大于探测器安装间距的一半。

（3）火灾探测器底座上标有"＋"的标志应为电源及信号（红色）线，标有"－"的标志应为接地（蓝色）线，其余的线应根据不同用途采用其他颜色区分，但同一工程中相同用途的导线颜色应一致。

（4）线型火灾探测器在顶棚下安装时，至顶棚距离宜为0.2～0.3m，至墙距离不应大于1.5m，线间水平距离不应大于4.5m。

（5）可燃气体探测器在室内梁上安装探测器时，探测器与顶棚距离应在0.2m以内。

（6）红外光束感烟探测器的光束轴线距顶棚的垂直距离宜为0.3～1.0m，距地面高度不宜超过20m。

（7）线型光束图像感烟探测器的光束轴线距墙的距离不应小于 0.3m，距地面高度不宜超过 20m；相邻两只发射器的水平距离最大不应超过 10m。

（8）手动火灾报警按钮安装在墙上，距地（楼）面高度宜为 1.5m。每个防火分区应至少设置一只手动火灾报警按钮，从防火分区内的任何位置到最邻近的一个手动火灾报警按钮的步行距离不应大于 30m。

（9）火灾报警控制器在墙上安装时，其底边距地（楼）面高度宜为 1.5m，安装在轻质墙上时，应采取加固措施。落地安装时，其底宜高出地坪 0.1m。火灾报警控制器的主电源引入线，应直接与消防电源连接，严禁使用电源插头，主电源应有明显标志。

（10）火灾楼层显示器直接安装在墙上。其底边距地面的高度宜为 1.3～1.5m。

（11）火灾报警线路应单独穿入金属管中，严禁与动力、照明、视频线或广播线等穿入同一线管内。火灾报警线路在竖井或电缆沟中敷设，应尽量远离动力、照明和强电线。在具有强电磁干扰的场所，火灾报警线路宜采用屏蔽线。

1.2.8.2 安全防范系统安装技术

1. 入侵报警设备安装技术

（1）入侵探测器的安装应根据产品特性及警戒范围的要求进行安装；位置应对准，防区要交叉，其导线连接应采取可靠连接方式。

（2）电子围栏的金属导线应选用抗氧化、耐腐蚀，且具有良好导电率的材料制作，材料的断裂伸长率不宜大于 12%；每 100m 金属导线的电阻值应不大于 2.5Ω；金属导线在 400N 至 500N 的拉力下应断裂。

2. 电视监视设备安装技术

（1）摄像机安装位置应满足监视目标视场范围要求，宜安装在不宜受外界损伤的地方，并具有一定的防损伤、防破坏能力；摄像机镜头应避免强光直射与逆光安装。

（2）室内安装高度宜距地面 2.5～5m 或吊顶下 0.2m 处；室外应距地面 3.5～10m，并不低于 3.5m。

3. 门禁设备安装技术

（1）门禁读卡机的安装高度宜距地面 1.3～1.5m。

（2）门口机的安装高度宜离地面 1.3～1.5m，面向访客。并对可视门口机内置摄像机的方位和视角作调整。

（3）用户机宜安装在用户出入口的内墙，安装高度离地面宜 1.3～1.5m。

4. 巡更设备安装技术

（1）有线巡查信息开关或无线巡查信息钮，应按设计要求安装在出入口或其他需要巡查的站点上。

（2）信息开关（信息钮）安装高度离地面宜为 1.3～1.5m。

5. 停车场管理设备的安装技术

（1）摄像机立柱一般装在闸门机后面约 0.5m 处，宜安装在离地面 0.5m 高的位置。

（2）地感线圈的定位应根据设计要求及设备布置图和现场环境定位，埋设深度不小于 0.5m，长度不少于 1.6m，宽度不小于 0.9m。

（3）闸门机闸杆应垂直于地感线圈的中部，闸杆与读卡机安装的中心距离宜为 2.4～2.8m。

1.2.8.3 建筑设备监控设备安装技术

（1）中央监控设备的型号、规格和接口符合设计要求，设备之间的连接电缆接线正确。

（2）现场控制设备（直接数字控制器DDC）的安装位置应选在通风良好、便于调试、维护和操作方便的地方。一般安装在需监控的机电设备附近（弱电竖井内、冷冻机房、高低压配电房等处）。

（3）各类探测、测量元件的安装

1）各类探测、测量元件的安装，应根据产品的特性及保护警戒范围的要求进行安装。安装位置应装在能正确反映其检测性能的位置，并便于调试和维护。

2）各类风管型传感器、测量开关的安装应在风管保温层完成后进行。

3）各类水管型传感器、测量开关的安装开孔与焊接工作，必须在管道的压力试验、清洗、防腐和保温前进行，且不宜在管道焊缝及其边缘上开孔与焊接。

4）传感器至现场控制器之间的连接应尽量减少因接线引起的误差，镍温度传感器的接线电阻应小于3Ω，铂温度传感器的接线电阻应小于1Ω。

5）电磁流量计在垂直管道安装时，液体流向自下而上。水平安装时必须使电极处在水平方向，以保证测量精度。电磁流量计和管道之间应连接成等电位并可靠接地。

6）涡轮式流量变送器应水平安装，流体的流动方向必须与传感器壳体上所示的流向标志一致。

（4）主要控制设备的安装技术

1）电磁阀安装前应按说明书规定检查线圈与阀体间的电阻，宜进行模拟动作试验。

2）电动阀门驱动器在安装前宜进行模拟动作和压力试验。

3）风阀控制器安装后的开闭指示位应与风阀实际状况一致，宜面向便于观察的位置。

（5）现场控制器与各类监控点的连接，模拟信号应采用屏蔽线，且在现场控制器侧一点接地。数字信号可采用非屏蔽线，在强干扰环境中或远距离传输时，宜选用光纤。

1.2.8.4 卫星电视天线及有线电视设备安装技术

（1）卫星电视天线基础的规格、强度、水平度和方位应符合设计。基础要满足抗风、承重和接地要求。

（2）卫星电视天线设备的安装应在避雷系统安装完成后进行。

（3）有线电视网络的分配部分应采用分配、分支方式进行信号分配，有线电视网络宜采用屏蔽同轴电缆。

1.2.8.5 电话通信设备安装技术

（1）程控交换机安装完成后应先进行接地线连接，再进行电源线连接。

（2）配线架应按设计图纸要求进行安装，跳线环位置应平直整齐。

（3）线缆的专用接头应按接头制作说明书进行制作，不得将线序弄错。

1.2.8.6 综合布线设备安装技术

（1）综合布线应选用相应等级的传输缆线和设备，满足语音、数据和图像传输速率的要求。

（2）一个4对双绞线必须终接在一个8针的模块化插座或插头上。8针模块化接线有

T568B 和 T568A 两种标准，同一个系统中标准必须统一。

（3）双绞线电缆和光缆布线可采用管道、直埋、架空等布线方式。双绞线电缆的水平布线最大距离为90m。双绞线电缆和光纤光缆在同一线槽内敷设时，光缆宜最后敷设。

1.2.8.7 主要安装施工技术规范及施工质量验收标准

《智能建筑工程质量验收规范》（GB50339）

《安全防范工程技术规范》（GB50348）

《综合布线系统工程验收规范》（GB50312）

《火灾自动报警系统施工及验收规范》（GB50116）

《建筑物电子信息系统防雷技术规范》（GB50343）

《民用闭路监视电视系统工程技术规范》（GB50198）

《通信管道工程施工及验收规范》（GB50374）

《有线电视系统工程技术规范》（GB50200）

《视频显示系统工程技术规范》（GB50464）

《电子信息系统机房施工及验收规范》（GB50462）

《防盗报警控制器通用技术条件》（GB12663）

《视频安防监控数字录像设备》（GB20815）

《消防联动控制系统》（GB16806）

《视频安防监控系统技术要求》（GA/T367）

《入侵报警系统技术要求》（GA/T368）

《出入口控制系统技术要求》（GA/T394）

《楼宇对讲系统及电控防盗门通用技术条件》（GA/T72）

《黑白可视对讲系统》（GA/T269）

《固定电话交换设备安装工程验收规范》（YD/T5077）

《有线电视系统测量方法》（GY/T121）

《有线电视广播系统技术规范》（GY/T106）

《民用建筑通信接地标准》（TIA/EIA-607）

《黑白可视对讲系统》（GA/T269）

1.2.9 消防工程安装技术

1.2.9.1 消防工程的类别及其功能

1. 消火栓灭火系统

（1）室外消火栓系统由室外消火栓、供水管网和消防水池组成，用作消防车供水或直接接出消防水带及水枪进行灭火。

（2）室内消火栓系统的消防管道系统有低层建筑和高层建筑室内消火栓给水系统两类，室内消火栓由消火栓、水带、水枪三个主要部件组成。

（3）其他设施有：消防水泵接合器、消防水箱、气压给水装置、消防水泵。

2. 自动喷水灭火系统

（1）有洒水喷头、报警阀组、水流报警装置等组件，以及管道、供水设施组成，并能在发生火灾时喷水的自动灭火系统。

（2）自动喷水灭火系统按照喷头的管网内平时是否充水分为湿式系统、干式系统等；按喷头的构造分为雨淋系统、水幕系统、水喷雾系统、自动启闭系统等。

3. 泡沫灭火系统

灭火剂是由泡沫液与水按比例混合，经泡沫发生装置形成的泡沫，中、高倍数泡沫特别适用于扑救有限空间的火灾，如油库、石油液化气站、矿井、隧道及地下室等场所的火灾，大量的泡沫既可灭火，又有助于及时排烟和置换驱除有毒有害气体。

4. 气体灭火系统

灭火剂多为不燃烧、不助燃、无毒性、电绝缘性能好、使用后污染少的惰性气体，常用的灭火介质为二氧化碳，但对人有窒息作用，只能用于无人场所，如轮船机舱、封闭机械设备、管道、炉灶和变电室。

5. 干粉灭火系统

灭火剂是一种干燥的、易流动的固体粉末，一般借助于气体（二氧化碳或氮）压力将干粉以粉雾状喷出进行灭火，和自动喷水灭火系统或其他灭火系统联用，可以扑灭阴燃的余烬和深位火灾，防止复燃。干粉有一定的腐蚀性和不易清除的残留物，不适用于扑救精密的电气设备火灾。

6. 防烟排烟系统

发生火灾时，一是使人员安全疏散，二是将火灾现场的烟和热及时排去，减弱火势的蔓延，排除灭火的障碍，是灭火的配套措施。

7. 火灾探测报警系统

能早期发现和通报火情，及时采取有效的措施控制和扑灭火灾，减少或避免火灾损失。火灾自动报警系统基本形式有区域报警系统、集中报警系统、控制中心报警系统。区域报警系统可单独用于工矿企业的要害部位（如计算机房）和民用建筑的塔式公寓、办公楼等。高层宾馆、饭店使用的一般都是集中报警系统。

1.2.9.2 消防工程施工与验收

1. 消防施工要求

（1）对施工单位的要求

施工单位应具有独立法人资格并取得相应资质的等级，方可在其资质等级范围内承揽消防工程业务。施工单位将其承包的全部建筑消防工程转包给他人，或将其承包的全部工程肢解以后以分包名义转包给他人，或转让、出借资质证书承揽工程的，经查明责令改正、停业整顿，降低资质等级；情节严重的，吊销资质证书。已造成严重后果的，依法追究刑事责任。

（2）施工依据

相关的规范以及报送公安机关消防机构审核的设计图纸。

（3）对工程设备和材料的要求

消防工程专用产品（如自动喷水灭火系统的喷头、水流指示器、消防水泵等）和通用产品（如镀锌钢管、稳压泵、压力表等），必须符合国家或行业标准的规定，并经国家消防产品质量监督检验中心检测合格。采购专用产品时，要确认供应商是具有经有关行政主管部门审核认可的专营资格。设备和材料进场时应对其规格、型号包装、外观、零配件及附件检验；安装前按标准规定的批次、数量及方法进行抽检和保管，重点关注自动控制系统中的电子产品，保管时要满足防潮、防霉变、防高温和防强磁场等特殊要求。

（4）消防系统的调试要求

消防工程安装结束后，以施工单位为主，必要时会同建设单位、设计单位和设备供应商，对固定灭火系统进行自检性质的调试检验，鉴定固定灭火系统的功能是否符合设计预期要求，发现安装缺陷，及时整改，为向公安消防机构申报消防验收做好准备。自动消防设施工程竣工后，施工单位必须委托具备资格的建筑消防设施检测单位进行技术测试，取得建筑消防设施技术测试报告后，方可验收。

2. 消防验收要求

（1）消防验收的目的和作用

验收的目的是检查工程竣工后其消防设施配置是否符合已获审核批准的消防设计的要求，消防验收的结论是判定消防工程是否可以投入使用的唯一依据，消防验收合格是整个工程可以投入使用或生产的必备条件。依法进行消防验收的建设工程，未经消防验收或者消防验收不合格的，禁止投入使用。

（2）消防工程验收的相关规定

1）对于人员密集的场所和特殊建设工程，建设单位应当向公安机关消防机构申请消防设计审核，并在建设工程竣工后向出具消防设计审核意见的公安机关消防机构申请消防验收。

①人员密集场所是指：建筑总面积大于二万平方米的体育场馆、会堂，公共展览馆、博物馆的展示厅；建筑总面积大于一万五千平方米的民用机场航站楼、客运车站候车室、客运码头候船厅；建筑总面积大于一万平方米的宾馆、饭店、商场、市场；建筑总面积大于二千五百平方米的影剧院，公共图书馆的阅览室，营业性室内健身、休闲场馆，医院的门诊楼，大学的教学楼、图书馆、食堂，劳动密集型企业的生产加工车间，寺庙、教堂；建筑总面积大于一千平方米的托儿所、幼儿园的儿童用房，儿童游乐厅等室内儿童活动场所，养老院、福利院，医院、疗养院的病房楼，中小学校的教学楼、图书馆、食堂，学校的集体宿舍，劳动密集型企业的员工集体宿舍；建筑总面积大于五百平方米的歌舞厅、录像厅、放映厅、卡拉 OK 厅、夜总会、游艺厅、桑拿浴室、网吧、酒吧，具有娱乐功能的餐馆、茶馆、咖啡厅。

②特殊建设工程是指：国家机关办公楼、电力调度楼、电信楼、邮政楼、防灾指挥调度楼、广播电视楼、档案楼；单体建筑面积大于四万平方米或者建筑高度超过五十米的其他公共建筑；城市轨道交通、隧道工程，大型发电、变配电工程；生产、储存、装卸易燃易爆危险物品的工厂、仓库和专用车站、码头，易燃易爆气体和液体的充装站、供应站、调压站。

2）公安机关消防机构依照建设工程消防验收评定标准对已经消防设计审核合格的内容组织消防验收，对综合评定结论为合格的建设工程，出具消防验收合格意见；对综合评定结论为不合格的，出具消防验收不合格意见，并说明理由。

3）实施消防工程竣工验收备案的规定

除上述要求进行消防验收申请以外的建设工程，通过省级公安机关消防机构网站的消防设计和竣工验收备案受理系统进行消防设计、竣工验收备案。公安机关消防机构对其实施竣工验收抽查，发现有违反法规和标准要求或者降低消防施工质量时，书面通知建设单位改正。对逾期不备案的，责令其停止施工、使用。

4）消防工程验收应具备的条件

①完成消防工程合同规定的工作量和变更增减工作量，具备分部工程的竣工验收条件。

②单位工程或与消防工程相关的分部工程已具备竣工验收条件或已进行验收。

③施工单位已委托具备资格的建筑消防设施检测单位进行技术测试，并取得检测资料。

④建设单位应正式向当地公安消防机构提交申请验收报告并送交有关技术资料，包括：建设工程消防验收申报表；工程竣工验收报告；消防产品质量合格证明文件；有防火性能要求的建筑构件、建筑材料、室内装修装饰材料符合国家标准或者行业标准的证明文件、出厂合格证；消防设施、电气防火技术检测合格证明文件；施工、工程监理、检测单位的合法身份证明和资质等级证明文件。

1.2.9.3 主要安装施工技术规范及施工质量验收标准

为了保障消防工程各系统的施工质量和使用功能，预防和减少火灾危害，保护人身和财产安全，国家颁布了一系列的规范标准，主要的安装规范与标准有《自动喷水灭火系统施工及验收规范》、《火灾自动报警系统施工及验收规范》、《气体灭火系统施工及验收规范》、《泡沫灭火系统施工及验收规范》等，这些规范大都在 2006～2007 年进行修订，适用于工业与民用建筑中各消防系统的施工验收及维护管理。规范的内容，例如《火灾自动报警系统施工及验收规范》GB50166—2007，包括总则、基本规定、系统施工、系统调试、系统验收、系统使用和维护等，并规定了 11 条强制性条文要求严格遵照执行。例如："火灾自动报警系统在交付使用前必须经过验收。"

1.2.10 特种设备安装技术
1.2.10.1 《特种设备安全监察条例》解读

1. 《特种设备安全监察条例》的形成

一九八二年二月六日，国务院发布了《锅炉压力容器安全监察暂行条例》【国发（1982）22 号】，该条例对于搞好锅炉、压力容器的安全监察工作，确保安全运行，防治特种设备的生产、生活广泛使用的有爆炸危险的特种设备起到了决定性作用，对于保障人民生命财产的安全，有着重大的意义。2003 年 2 月 19 日国务院第 68 次常务会议通过，2003 年 3 月 3 日国务院第 373 号令公布，2003 年 6 月 1 日起执行，最终定为《特种设备安全监察条例》。该条例在执行过程中，不断完善、补充、修改，最终行成了现在的《特种设备安全监察条例》，并于 2009 年 1 月 24 日以国务院令第 549 号公布了《特种设备安全监察条例》修改正式文本，于当年 5 月 1 日起施行。

2. 《特种设备安全监察条例》主要内容

《特种设备安全监察条例》以下简称《条例》，修改后的内容是：总则、特种设备的生产、特种设备的使用、检验检测、监督检察、事故预防和调查处理、法律责任及附则 8 章共 103 条。与此配套的《实施细则》对设计、制造和安装单位的资质审批、产品质量的监督、运行检验人员的考核、许可证的更换等具体要求都作了详细规定，保证了特种设备的设计、制作、安装、监督、质量、安全。

3. 执行《条例》的意义

特种设备是涉及人们生命、财产安全、危险性较大的设备（设施），严格遵循《条例》、规范有关特种设备各项设计、制造、安装施工、监督检查、竣工验收、安全运行等活动等，对提高特种设备设计、制造、安装工程（产品）质量，防止和减少特种设备事故，确保特种设备运行安全作用重大，意义深远。

4. 学习本章的目的

（1）熟悉特种设备制造、安装、改造的许可证制度和工程报批规定及程序。

（2）熟悉特种设备安装的监督检验和过程施工报验程序及内容。

（3）熟悉各类施工、管理人员的培训、考核、发证、验证、监督检查。

（4）掌握特种设备规定范围和《条例》规定内容。

1.2.10.2 《条例》对特种设备的规定范围

1. 特种设备的种类

《特种设备安全监察条例》第 2 条规定，特种设备是指涉及生命安全、危险性较大的锅炉、压力容器（含气瓶，下同）、压力管理、电梯、起重机械、客运索道、大型游乐设施和场（厂）内专用机动车辆。并包括其辅助的安全附件、安全保护装置和安全保护装置相关的设施。

2. 特种设备确定的范围和分类

（1）特种设备确定的范围

1）锅炉，是利用各种燃料或热源及电将锅炉内的水加热到一定的技术经济参数，并对外输送蒸汽或热水的设备。

2）压力容器是指盛装冷热流体，并承载一定压力的密闭容器。

3）压力管道，是指利用一定的压力和流速输送冷热流体的管道。

4）电梯是指应用动力驱动，或沿刚性导轮运行的厢体，或沿固定线路运行的梯级踏步，进行升降或者平行输送人及货物的机械设备。

5）起重机械，是指垂直升降并旋转或者垂直升降并能够水平移动及旋转重物的机电设备。

6）客运索道，是指应用动力驱动，利用柔性绳索牵引厢体或厢椅等运载工具运送人员和货物的机电设备。

7）大型游乐设施，是指用于经营目的，承载乘客游乐的设施。

8）场（厂）内专用机动车辆，是除道路交通，农用车辆以外的仅在专门环境（如厂区、旅游区）内使用的专用车辆。

（2）特种设备确定的分类

1）锅炉

①类别划分

锅炉分为高温高压蒸汽锅炉、热水锅炉及有机载体锅炉。锅炉因用途不一样还分小型、中型、大型、超临界锅炉等。

②范围规定

锅炉，特别是蒸汽锅炉，其压力 $0.1MPa \leq P < 14MPa$，温度 $100℃ < t \leq 550℃$。

2）压力容器

①类别划分

压力容器分三类，Ⅰ类压力容器，Ⅱ类压力容器，Ⅲ类压力容器等。压力容器是根据储存的介质、压力、容积等因素分类，一般是：按品种分是：反应压力容器（R）、换热压力容器（E）、分离压力容器（S）、储存压力容器（C），球罐为（B）。

②范围规定

按压力分为：低压是 $0.1MPa \leqslant P < 1.6MPa$；中压是：$1.6MPa \leqslant P < 10.0MPa$；高压是：$10MPa \leqslant P < 100.00MPa$；超高压是 $P > 100.00MPa$。

3）压力管道

①范围规定

压力管道是依据管道输送的介质，比如蒸汽、可燃气体、有毒气体、液体、腐蚀气体及最高工作温度高于或等于沸点的液体，且公称直径力 >25mm。

②类别划分

a. 长输（油气）管道：GA 压力管道，分为 GA1 和 GA2；

b. 公用管道：GB 类压力管道，分为燃气管道（GB1 级）、热力管道（GB2 级）；

c. 工业管道：GC 类压力管道，分为 GC1、GC2、GC3 级；

d. 动力管道：GD 类压力管道，分为 GD1、GD2 级。

4）起重机械

①范围规定

额定起重量大于或者等于 0.5t 的升降机；额定起重能力大于或者等于 1t，且提升高度大于或等于 2m 的起重机；承重形式固定的电动葫芦。

②起重机械的分类

桥式起重机、门式起重机、塔式起重机、轮胎式、履带式起重机、铁路起重机、架桥机、铺轨机、门座起重机、升降机、缆索、桅杆、旋臂等起重机、双塔桅起重设备等及叉车、电动葫芦等。

1.2.10.3 特种设备制造、安装、改造规定

1. 特种设备制造、安装、改造、维修单位资格许可

（1）《条例》规定

1）制造、安装、改造单位许可

凡是从事特种设备及辅助件制造、安装、改造的单位，必须经国务院特种设备安全监督管理部门许可，才能够从事相应的制造、安装、改造。

2）维修单位的许可

凡是从事特种设备及辅助配套件维修的单位，必须经单位所在地方的省、自治区、直辖市特种设备安全监督管理部门许可，才能从事相应特种设备的维修。

3）从事安装、改造、维修施工作业的许可

凡是从事锅炉压力容器等特种设备安装、改造、维修的单位由依照本条例取得许可证的单位进行安装、改造、维修。

（2）几种特种设备安装、改造、维修的具体规定

1）锅炉安装单位必须经安装单位所在地的省级特种设备安全监督管理部门的锅炉压力容器安全监察机构批准，取得相应级别锅炉安装资格。

2）凡是从事Ⅰ、Ⅱ类压力容器（压力容器整体移动或就位）的单位应经所在省级安全监察机构的批准，取得相应级别的Ⅰ、Ⅱ类压力容器制作、安装资格。凡是从事Ⅲ类压力容器（如球罐）的单位必须经国务院特种设备安全监察管理部门的批准，取得相应级别的Ⅲ类压力容器制作安装资格。

3）凡是从事电梯安装、改造、维修的单位，必须由电梯制造单位或其通过合同委托、同意的依照《条例》取得许可证。电梯制造企业承担自己生产电梯的安装、维修、改造时，应当申请取得相应的资格证书。

4）特种设备（除锅炉、压力容器、电梯以外）的安装、维修、改造单位，必须向所在地的省级特种设备安全监察机构或其授权的特种设备安全监察机构申请资格认可，取得资格证书后，方可承担认可项目的业务，并不得以任何形式转包或分包。

5）从事GA类GC1级和GD1级压力管道安装单位应由国务院特种设备安全监察机构受理、审批、发证。

（3）行政许可准入和处罚

1）行政许可准入是指行政管理机关依法对社会经济事务实行事前监督的一种手段。特种设备的行政许可制度是特种设备安全监察的重要行政管理制度，也是一项重要的市场准入措施。

2）行政准入速度处罚就是对未经许可从事特种设备制造、安装、改造的单位或个人进行依法处理，它包括：

①由安全监督管理部门予以取缔、没收非法制造的产品，已经安装施工、改造的要坚决责令恢复原状或责令限期由取得许可的单位重新安装、改造，并处以罚款；

②触犯法律，对负有责任的主管人员和其他直接责任人员依照刑法关于生产、销售伪劣产品罪、非法经营罪、重大责任事故罪或其他罪的规定，依法追究刑事责任；

③施工单位在承担特种设备安装施工前未履行"书面告知"手续就进行施工的，应由特种设备安全监督管理部门责任限期改正；逾期未改正的处以2000元以上10000万以下罚款。

2. 特种设备制造、安装、改造单位应具备的条件

（1）《条例》原则规定

1）有与特种设备制造、安装、改造相适应的专业技术人员和技术工人。

2）有与特种设备制造、安装、改造相适应的生产条件和检测手段。

3）有健全的质量管理制度和责任制度。

（2）具备条件的具体内容

不同的特种设备制作、安装、改造条件有所不同，比如锅炉和压力容器制造、安装、改造的企业的条件应是：

1）应具有独立的法人资格或营业执照，取得当地政府相关部门的注册登记。

2）具有与所制造产品相应的，并具备相关专业知识和一定经历的质量控制系统人员，包括：设计和工艺；材料；焊接；理化；热处理；无损检验；压力试验；最终检验等。

3）质量控制系统的要求

①应有质量方针和质量目标及质量手册的书面文件，还应采取必要的措施使各级人员

能够熟悉质量方针并认真贯彻执行。还要设专职质量保证工程师，并明确其对质量保证体系的建立、实施、保持和改进管理的职责和权限。

②建立应符合锅炉压力容器的设计、制造、安装、改造，而且包含了质量管理基本要素的质量体系文件。包括：质量保证手册、程序文件、质量计划等。

③文件和资料的控制是：明确受控文件的类型和内容；制定文件的编制、评审、会签、发放、修改、反馈、回收、保管等控制规定。

④各项控制要求和质量改进及返修处理验收、反馈等。

（3）具备适应压力容器制造、安装、改造和管理需要的专业技术人员

企业技术人员和管理人员占本企业职工数比例应符合各级别制造、安装、改造条件的要求，且具有一定的资历、经验、处理技术的能力并与从事专业技术相关的专职专业技术人员等。

（4）具有专业作业人员

1）具备满足需要的，且具备相应资格条件的持证焊工，人数和合格项目应达到相应制造、安装、改造级别的要求。

2）具备满足压力容器制造、安装、改造要求的组装人员。

3）具备相应无损检验检测的责任人员和作业人员，人数和级别应达到相应级别的要求。

4）锅炉安装，还应配备一定数量的，并具备独立作业的司炉人员，以满足烘炉、煮炉和试运行作业。

（5）生产条件、安装条件及检测手段

生产制造应具备厂（场）地、加工设备、成型设备、切割、焊接设备、起重设备、检测检验设备及必要工装、平台等。还应具备：

1）专用场地和材料库房，并应有有效的防护措施，合格区与不合格区设有明显的标志，材料、半成品、成品应分开堆放并设有专门便于识别的标识。

2）设有专门的焊接材料存放、烘干、保温、回收的库房，并有明显的标识。

3）设有相应条件要求的射线曝光室、焊接试验室。曝光室面积和防射线必须满足国家规定。

4）配备、配齐相应条件要求的无损检验设备、力学试验设备、化学试验设备、各种用途的焊接设备及热处理等设备。力学试验和化学试验可以委托有资质的专业试验单位，但必须签订长期的正式合同备案备查。

5）安装、改造施工单位，除具备相应条件要求的规定外，还应考虑现场施工特殊条件，应配备必要的、灵活的、适用的专用设备和检测工具、机具等。

3. 特种设备施工、开工许可

（1）《条例》的规定

特种设备安装、改造、维修的施工单位应当在施工前进行特种设备安装、改造、维修情况书面告知（即"告知书"）工程所在地方地级市及以上特种设备安全监督管理部门，"告知书"获得批准或许可后才能正式施工。

（2）几种特种设备的专门规定

1）锅炉及压力容器在安装之前，安装单位或使用单位应向工程所在地区的安全监察

机构办理报装手续，否则不准施工。申报的内容包括：锅炉及压力容器名称、规格型号、压力、温度（技术参数）、数量、锅炉及压力容器制造单位、使用单位、安装单位及安装地点。此外，还要申报工程总图及施工单位人员、材料、机具、组织等配备情况及数量，还应报施工组织设计、施工方案、作业指导书及焊接工艺评定等技术文件，工程合同以及安装改造维修监督检验约请书和单位的资格证书等，以便监督单位审查、批准和约定检验计划等。

2）除锅炉及压力容器以外的特种设备，安装、改造、大修前，使用单位必须持施工单位编制的施工方案或技术措施等相关资料到所在地区的市级以上特种设备安全监督机构备案。

（3）告知"报装"的目的

告知目的是为了便于当地安全监督部门或安全监察机构工程施工情况并能及时到现场进行安全监督检验和工程质量检测验收。

4. 特种设备竣工技术资料的整理和移交

（1）《条例》规定

1）特种设备在安装、改造、维修过程中，应同步按施工验收规范整理、编制安装质量检查记录、隐蔽记录、试压记录及无损检验记录等，并依序编制目录整理成册归档。

2）施工单位应当在工程竣工验收（指四方验收而不是总验收）后30天内将上述归档技术资料、技术文件、工程文件移交当地档案部门和使用单位。

（2）移交技术资料的内容

1）锅炉及压力容器移交技术文件

①锅炉压力容器安装、使用说明书；

②锅炉设计总图、安装图和主要受压部件图及锅炉及压力容器强度计算书；

③受压元件强度和安全阀排放量的计算书或选用说明书及计算结果汇总表；

④锅炉及压力容器产品质量证明书（包括产品合格证书、产品名牌证、主要受压部件材质证明书、无损检验报告、焊后热处理报告、水压试验报告等）。

⑤锅炉及压力容器安装施工组织设计、施工方案、施工技术措施、施工作业指导书等。

2）施工质量证明资料及质量手册

1.2.10.4 特种设备安装、改造、维修施工单位贯彻执行《条例》的责任和工作

（1）凡要承揽特种设备安装、改造、维修工程的单位，在承揽工程前，必须取得相应级别和条件的资格证书（或许可证书）。

（2）施工单位如果负责材料、设备采购或派员到制造厂监造，则选择的制造商、材料设备供应商都必须是持有国家或地方特种设备安全监察机构许可证书或认可的制造商、供货商，才能参加采购投标的入围。

（3）总承包单位经业主同意需要将特种设备工程进行分包，其选择的分包单位必须持有特种设备安全监察机构发放的相应级别的安装许可证。

（4）特种设备安装前必须履行告知申报，接受当地特种设备安全监督部门的审核和检查检验。

（5）特种设备现场检查验收时，型号、设备质量和不论是谁提供的设备、部件、辅

件和材料，都必须由业主、监理、施工单位共同核定和验收设备本体的规格数量及附件、安全保护装置的生产许可证明、合格证、材质证明、质量检验汇总表及相关的各项技术性文件，三方共同签认备案。验收主体设备时，特种设备安全监督部门的代表也应请到现场，四方共同签认备案。如有条件，最好是制造厂家也有代表参加并参加共同签认。

（6）特种设备在制造和安装过程中，施工单位应在自检合格、监理检查合格、业主检查合格的基础上，应申请并接受特种设备安全监督部门的代表到施工现场进行核准的检验的监督检查。

（7）电梯安装除按第（6）条要求做到外，在安装过程中，还必须接受制造单位的指导、监控及检验和调试。全部工程竣工后，由建设单位申请取得特种设备监察机构运行和安全许可证。

（8）锅炉到现场后，开箱验收工作，除按本文第（5）条做外，还应在锅炉安装的过程中，分阶段申请特种设备安全监督部门的代表到现场进行核准检验的监督检查和验收。这些阶段包括：锅炉本体验收及基础验收；锅炉本体试压；锅炉配管后的整体试压；锅炉烘炉、煮炉、冲管、安全阀调整、气密性试验之后、试运行之前；联合试运行结束等阶段。施工过程其他阶段，欢迎他们随时检验。

（9）压力容器安装前应检查验证产品生产许可证及技术和质量文件，检查产品外观质量及查材质证明、合格证明、质量检验报告等。产品出厂安装前，如果质量保证书超过时间，还应对其进行强度试验。产品随机技术文件、质量文件应该包括：竣工图、产品质量证明书、产品铭牌、产品材质证明、产品焊缝检测报告、产品安装和使用说明书及《条例》规定范围的受压部件或产品的强度计算书等。现场制作的压力容器应严格按质量保证手册的规定执行，同时应接受现场监理工程师的监检和当地特种设备安全监察机构（比如锅检站）的代表或专业技术人员监督监检。

（10）起重设备安装前同样应检查生产许可证，按设备装箱清单检查设备的规格、型号、材料及辅助件等，同时还需检查验收出厂合格证书，出厂前试验记录或报告，产品安装、使用说明书及其相关的技术文件。

起重机构特别应检查柱、臂等关键性结构有无变形，焊接部位有无质量性缺陷，主件的材料材质证明文件；同时还需检验杆件有无锈蚀，钢丝绳有无锈蚀、损伤、弯折、打环、扭结裂嘴和松散及断丝等现象。起重机械，特别是超、特、大型起重机械的安装，必须有详细的、科学的、先进的施工方案或技术措施，在施工中严格按规程"条例"进行。在施工过程中及竣工过程中，必须经特种设备监督管理部门跟踪核准的检验检测，未经他们检验合格的不得交工验收。经特种设备安全监督检验合格的起重机械或设备，还需报请特种设备安全监察机构核准发证才能使用。

1.2.10.5 特种设备安装、改造、维修的监督检验

特种设备安装、改造、维修的监督检验是特种设备安全监察部门依法监检的重要执法管理工作，是保证特种设备质量性能和安全运行的重要手段，是实现特种设备运行环境安全和保障人民财产、生命的重要措施。为实现上述目的，就必须保证特种设备在制作、安装、维修等各项生产活动中应在法制化、规范化的环境下进行。

1.《条例》规定和说明

（1）《条例》规定

特种设备在制造、安装、改造、维修过程中，必须经相应级别的特种设备安全监督政府管理部门核准的检验机构按照安全技术规程和安装施工技术规范的要求进行监督检验，未经监督检验合格的产品不得出厂，特种设备安装质量未经检验合格的不能验收，更不能交付使用。

（2）《条例》说明

《条例》规定的监督检验是指：特种设备制造、安装、改造、维修单位自检合格，业主和监理监检合格的基础上，提请当地相关政府的特种设备安全监督管理部门核准的检验机构按照安全技术规程和施工技术规范对其特种设备制造、安装、改造、维修过程进行验证性检验，这种监督检验属于依法强制性的法定检验。这里需要强调的是，特种设备最后竣工验收或总交工验收，除核准机构的代表参加外，相关级别的政府特种设备安全监察部门也要有代表参加，并履行签认。

1）政府部门对特种设备监督检验的对象：制造、安装、改造、维修过程的全监检或阶段性监检（视类别和重要性而区分），如：

①锅炉、压力容器、压力管道元件、起重机械、大型游乐设施的制造过程监检；

②锅炉、压力容器、电梯、起重机械、客运索道、大型游乐设施的安装、改造、维修过程。

2）承担监督检验的主体：国家及地方特种设备安全监督管理部门核准的检验检测机构。

3）承担监督检验的依据：国家及地方的安全技术规范、规程。

4）安全检验检测的范围与内容：依本条例规定的监督检验、定期检验、阶段性检验、型式试验以及专门为特种设备生产、使用、检验检测提供无损检验服务，其内容分别是：

①设计图纸及相关技术资料和技术文件；产品材料及焊接工艺评定、焊接工艺、焊接人员资格；产品外观尺寸、无损检验检测、热处理、耐压试验、载荷试验、铭牌、产品合格证、监检资料等；

②抽查受检单位质量体系运转情况及程序文件实施情况；

③确认出厂技术资料和安装、改造、维修的有关技术资料和文件；

④定期审查核准制造和安装、改造、维修单位资格是否在有效期内且符合《条例》规定的适用范围，并根据受检单位情况决定取消、升级、重新发证等。

5）安全检验检测的结论：特种设备检验检测机构和检验检测人员应当客观、公正、及时地出具检验检测结果、鉴定结论（检测结论）。检验检测结果、鉴定结论经检验检测人员签字后，由检验检测机构负责人签署。特种设备安全检验检测人员应对检验检测结果、鉴定结论负责。

6）检验检测结果反馈：

特种设备检验检测机构在进行特种设备检测检验时，如果发现严重事故隐患或能量损耗超标及运行异常等现象，除及时告知特种设备使用单位并采取紧急措施防范外，还应及时向特种设备安全监督管理部门报告，以便处理和整改。

2. 特种设备检验检测机构和人员要求

（1）凡是从事本《条例》规定的监督检验检测、定期检验检测、型式试验检验检测的特种设备检验检测机构，应该经国家特种设备安全监察管理部门的核准取证。

（2）凡是从事本《条例》规定的监督检验检测、定期检验检测、型式试验检验检测的特种设备检验检测人员，都应该经国家特种设备安全监察管理部门组织考试考核合格，取得检验检测人员资格证书（或执业证书），方可从事特种设备检验检测工作。

（3）特种设备安全监督检验机构和执业检验检测人员必须依法，依《条例》从事检验检测工作，不准以权谋私和营私舞弊。

3. 安全监察部门执法

（1）特种设备安全监察管理部门及其安全监督职权

1）依照本《条例》规定，依法对特种设备设计、生产、安装、改造、维修及使用单位和检验检测机构实施安全监察、监督。

2）根据举报或者取得的涉嫌上述单位可能违犯证据，对涉嫌违反本条例规定的行为进行查处时，可行使的职权是：

①向特种设备生产、使用单位和检验检测机构法定代表人、主要责任人和其他有关人员调查，了解与涉嫌从事违反本条例生产、使用、检验检测人员的情况；

②对涉嫌安装、改造、维修过程中偷工减料、以次代优等造成质量事故施工单位法定代表人及责任人的调查；

③查阅、复制特种设备生产、使用单位和检验检测机构的有关合同、发票、账簿及其他有关资料；

④对有证据表现不符合安全技术规范要求的或者其他严重事故、质量隐患、能耗严重超标、环保不达标的特种设备，予以查封或扣押。

（2）行政审批规定

特种设备安全监察管理部门，应当严格按照本条例规定的条件和安全技术规范要求对许可、核准、登记的有关事项进行审查；对不符合本条例规定条件和安全技术规范的，不得许可、核准、登记；在申请办理许可、核准期间，特种设备安全监察部门发现申请人未经许可从事特种设备相应活动或伪造许可、核准书的不予受理或者不予许可、核准。

未依法取得许可、核准、登记的单位擅自从事特种设备制造、安装、改造、维修、使用或者检验检测活动的，特种设备安全监察部门应当依法予以处理。

（3）安全监察做法及要求

1）特种设备安全监察部门对特种设备生产、使用和检验检测机构实施安全监察，应对每次安全监察的内容、发现的问题及处理情况，作出记录，并由参加安全监察的特种设备安全监察人员和被监察单位的有关负责人签字归档。

2）特种设备安全监察部门对特种设备生产、使用单位和检验检测机构进行安全监察时，发现有违反本条例规定和安全技术规范要求的行为或者在用的特种设备存在事故隐患、不符合能效环保指标的，应当以书面形式发出特种设备安全监察令，责令其有关单位及时采取措施，予以改正或消除事故隐患。

4. 对违反《条例》规定的处罚

（1）对未经核准允许而擅自从事检验检测活动的机构（单位）的处罚。

1）由特种设备安全监察部门予以取缔，处以罚款。

2）有违法所得的，没收违法所得。

3）触犯刑律的，对负有责任的主管人员和其他直接责任人员依照刑法关于非法经营罪或其他罪的规定，依法追究刑事责任。

（2）特种设备检验检测机构和检验检测人员，出具虚假的检验检测结果或报告、鉴定结论或者检验检测结果、鉴定结论严重失实应承担的责任和承受的处罚。即：

1）应承担的责任：造成损害的，应当赔偿。

2）对有上述行为的检验检测机构没有违法所得，处以罚款，情节严重的，撤销其检验检测资格。

3）对有上述行为的检验检测人员处以罚款，情节严重的，取消其检验检测资格。触犯刑律的，依照刑法关于中介组织人员提供虚假证明文件罪，中介组织人员出具证明文件重大失实罪或其他罪的规定，依法追究刑事责任。

1.2.10.6 主要安装施工技术规范及施工质量验收标准

（1）《特种设备安全监察条例》（国务院令第549条）

（2）《特种设备安全监察实施细则》

（3）《工业锅炉安装工程施工及验收规范》（GB50273）

（4）《起重机钢丝绳、保护、维护、安装、检验和报废》（GB/T5972）

（5）《桥式起重机安全监察规程》（TSGQ0002）

（6）《起重机械定期检验规程》（TSGQ7015）

（7）《热水锅炉安全技术监察规程》

（8）《工业金属管道工程施工及验收规范》（GB50235）

（9）《压力管道规范、工业管道》（GB/T20801）

（10）《工业金属管道工程质量验收评定标准》（GB50184）

（11）《城市煤气、天然气管道工程技术规范》（DGJ08—10—2004，JI0472—2004）

（12）《城镇高压、超高压天然气管道技术规程》（DGJ08—102—2003）

（13）《电梯制造与安装安全规范》（GB7588）

（14）《电梯试验方法》（GB/T10059）

（15）《电梯安装验收规范》（GB10060）

（16）《架空索道工程技术规范》（GB50127）

（17）《电梯工程施工质量验收规范》（GB50310）

（18）《钢制压力容器》（GB150）

（19）《钢制球形储罐》（GB12337）

（20）《球形储罐施工及验收规范》（GB50094）

（21）《钢制压力容器焊接规程》（JB/T4709）

（22）《钢制压力容器焊接工艺评定》（JB4708）

（23）《钢制压力容器产品焊接试板力学性能试验》（JB4744）

（24）《钢制塔式容器》（JB/T4710）

（25）《钢制卧式容器》（JB/T4731）

（26）《油气长输管道工程施工及验收规范》（GB50369）

（27）《石油化工钢制压力容器》（SH/T3074）

（28）《石油化工剧毒、可燃介质管道工程施工及验收规范》（SH3501）

（29）《球形储罐工程施工工艺标准》（SH3512）

（30）《大型设备吊装工程施工工艺标准》（SH/T3515）

（31）《石油、天然气站内工艺管道工程施工及验收规范》（SH0402）

（32）《电力工业锅炉压力容器监察规程（DL/T612）》

（33）《电力建设施工及验收技术规程（锅炉机组篇）》（DL5010）

（34）《电力建设施工及验收技术规程（管道篇）》（DL6031）

（35）《起重设备安装工程施工及验收规范》（GB50278）

（36）《压力钢管制造安装及验收规范》（DL5017）

第2章　机电安装工程管理

2.1　机电安装工程项目投标与合同管理

2.1.1　机电安装工程项目投标程序

1. 机电安装工程项目招投标程序

招标过程按照投标人的参与程度，可以划分为发标前准备、招标投标和评标定标三个阶段。招标人可以通过招标过程的评审选出信誉可靠、技术能力强、管理水平高、报价合理的可信赖的投标人。投标人在投标过程中对招标文件作出实质性响应，提出具有竞争性的投标报价，尽可能获得较丰厚的利润。在招投标程序中主要掌握的基本知识包括：

（1）工程招标范围、招标方式的确定及主要区别。

（2）组织招标的条件。

（3）招投标程序、内容及有关规定。

2. 机电安装工程招标文件

机电安装工程招标文件通常包括以下内容：招标邀请书；投标者须知；合同条件；招标工程范围；图纸和执行的规范；工程量清单；投标书和投标保证书格式；补充资料表；合同协议书及各类保证。

3. 机电安装工程投标文件

机电安装工程投标文件一般包括以下的内容：协议书；投标书及其附录；合同文件（含通用条款及专用条款）；投标保证金（或投标保函）；法定代表人资格证书（或其授权委托书）；明确工程施工总目标，包括工期、质量、安全文明生产三项目标以及履约保证金额等；施工组织总设计及主要施工方案；具有标价的工程量清单及报价表；辅助资料表；资格审查表（已进行过资格预审的除外）；招标文件要求应提供的其他资料。

4. 机电安装工程项目招投标文件的实施

招标文件是招标过程的核心文件，既是投标人编制投标文件的依据，也是未来与中标人构成对双方有约束力合同文件的基础，必须认真研究招投标文件，处理机电工程项目招投标文件实施中的问题。

2.1.2　机电安装工程项目投标文件的编制

投标文件是指完全按照招标文件的各项要求编制的投标书。投标书一般由商务标书、经济标书、技术标书三部分组成。它是形成的投标文件中响应招标文件规定的重要文件，起着能否中标的关键作用。报价工作信息面广，计算繁杂，必须反复核对，否则，虽然报价决策正确，但计算失误，也就功亏一篑。

1. 编制投标文件的主要依据

设计图纸；合同条件，尤其是有关工程范围、内容；工期、质量、安全生产要求；支付条件、外汇比例的规定等；工程量表；有关法律、法规；拟采用的施工方案、进度计划；施工规范和施工说明书；工程材料、设备的清单、价格及运费；劳务工资标准；当地生活物资价格水平；各种有关间接费用等。

2. 编制投标文件的步骤

承包商通过资格预审，即可根据工程性质、规模，组织一个经验丰富、决策强有力的班子进行投标报价。承包工程有固定总价合同、单价合同、成本加酬金合同等几种主要形式，不同合同形式的计算报价是有差别的。

具有代表性的单价合同报价计算的主要步骤：研究招标文件；现场考察；复核工程量；编制施工规划；计算工、料、机单价；计算分项工程基本单价；计算间接费；考虑上级企业管理费、风险费，预计利润；确定投标价格。

3. 工程量清单计价的运用

工程量清单是表现拟建工程的分部分项工程项目、措施项目、其他项目名称和相应数量的明细清单，是按招标要求和施工设计图纸要求将拟建招标工程的全部项目和内容，依据统一的工程量计算规则和清单项目编制规则，计算分部分项工程数量的表格。

工程量清单是招标文件的组成部分。是由招标人发出的一套注有拟建工程各实物工程名称、性质、特征、单位、数量及开办项目、税费等相关表格组成的文件。在理解工程量清单的概念时，首先应注意到工程量清单是一份由招标人提供的文件，编制人是招标人或其委托的工程造价咨询单位。其次是一经中标且签订合同，工程量清单即成为合同的组成部分。因此，无论招标人还是投标人都应该慎重对待。

就我国目前的实践而言，工程量清单计价已形成了一种市场价格机制，主要运用在招标、投标、评标三个阶段。

4. 制作投标标书

（1）投标单位接到招标文件后，应对招标文件进行透彻的分析研究，对图纸进行仔细的理解。

（2）对招标文件中所列的工程量清单进行审核时，应看招标单位是否允许对工程量清单内所列的工程量误差进行调整决定审核办法。若允许调整，则要详细审核工程量清单内所列的各工程项目的工程量，对有较大误差的，通过招标单位答疑会提出调整意见，取得招标单位同意后进行调整；若不允许调整，则不必对工程量进行详细的审核，只对主要项目或工程量大的项目进行审核。发现项目有较大误差时，可以利用调整项目单价的方法进行解决。

工程量单价的套用有两种方法：一种是工料单价法，一种是综合单价法。我国现行的工程量清单计价办法是采用综合单价法。

5. 投标的决策

正确合理的决策，是作出投标与否和使中标可能性增大的关键。投标决策阶段可以分为前期阶段和后期阶段。

（1）投标决策的前期阶段

投标决策的前期阶段必须在购买投标人资格预审资料前后完成。决策的主要依据是招标广告以及公司对招标的工程、业主情况的调研和了解程度。

对投标与否做出论证。通常情况下，对下列招标项目应放弃投标，例如本施工企业主营和兼营能力之外的项目；工程规模、技术要求超过本施工企业技术等级的项目；本施工企业生产任务饱满，而招标工程的盈利水平较低或风险较大的项目；本施工企业技术等级、信誉、施工水平明显不如竞争对手的项目等。

（2）投标决策的后期阶段

如果决定投标，即进入投标决策的后期阶段，此阶段是从申报资格预审至投标报价（封送投标书）之前。主要研究准备投什么性质的标，以及在投标中采取的策略。投标性质可分为：风险标、保险标、盈利标、保本标、亏损标。

（3）影响投标决策的主观因素

1）技术实力：包括精通本行业的各类专家组成的组织机构；设计和施工专业特长；解决各类施工技术难题的能力；与招标项目同类型国内外工程的施工经验；有一定技术实力的合作伙伴。

2）经济实力：包括垫付资金的能力；一定的固定资产和机具设备及其投入所需的资金；一定的周转资金用来支付施工用款；支付各种担保的能力；支付各种纳税和保险的能力；抵御由于不可抗力带来的风险；有一定经济实力的合作伙伴。

3）管理实力：包括承包商必须在成本控制上下功夫，向管理要效益；健全完善的规章制度和先进管理方法、企业技术标准、企业定额、企业管理和项目管理人才；"重质量"、"重合同"的意识及其相应切实可行的措施。

4）业绩信誉实力：包括同类或相似的工程业绩；良好的信誉是投标中标的一条重要标准。

（4）影响投标决策的客观因素

1）业主的合法地位、支付能力、履约信誉，监理工程师处理问题的公正性、合理性等。

2）竞争对手的实力、优势、投标环境的优劣情况以及竞争对手的在建工程状况。

3）承包工程的风险。

投标与否，要考虑很多因素，作出全面分析，才能使投标决策正确。

2.1.3　机电安装工程项目合同签订与变更

机电工程总承包合同是业主方和机电工程总承包方签订的施工承包合同，它是机电工程施工全过程中必须明确双方权利义务的约定。对机电工程总承包合同的管理，应包括合同的订立、履行、变更、争议、索赔、终止等方面内容。

1. 机电工程项目总承包合同范围

（1）工程总承包范围如果包括工程设备采购，应另外签订设备采购合同或协议书，作为工程总承包合同的补充合同。

（2）工程总承包范围如果包括负荷联动试车或投料试生产出产品，应另外签订合同或协议书，作为工程总承包合同的补充合同。

（3）总承包方在履行合同职责时，根据合同范围要求，需要负责设备的采购、运输、检查、安装、调试及试运行。

（4）订立国际项目的总承包合同，应采用国际惯例，即 FIDIC（土木工程施工合同条件）的规定。

（5）总承包方在订购材料前，应将材料样品送审，或将材料送到指定的试验室进行试验，试验结果报监理工程师审核和确认。并要随时抽样检验进场材料质量。

2. 机电工程项目分包合同范围

工程分包是指总承包企业将所承包的工程中的专业工程或劳务作业发包给其他施工企业完成的活动。机电工程项目分包合同范围包括专业工程分包和劳务作业分包。

劳务分包是机电安装工程承包合同管理的重要组成部分，劳务分包合同包括劳务方开工、完工日期、工程施工范围、应遵守的技术标准、法律法规等方面的内容。

3. 机电工程项目合同的变更

（1）合同变更分为工程变更和设计变更。

（2）工程变更包括工程量变更、工程项目变更、进度计划变更、施工条件变更等。设计变更主要包括：更改有关标高、基线、位置和尺寸；增减合同中约定的工程量；改变有关工程中的施工时间和顺序等。

2.1.4 机电安装工程项目分包合同管理

1. 工程总承包与分包

《中华人民共和国建筑法》提倡对建筑工程实行总承包（EPC）。

建筑工程的发包单位可以将建筑工程的勘察、设计、施工、设备采购一并发包给一个工程总承包单位，也可以将建筑工程勘察、设计、施工、设备采购的一项或者多项发包给一个工程总承包单位。

工程总承包单位为了完成总承包任务，可以将建设工程的一部分依法分包给具有相应资质的承包单位，与分包单位一起共同完成建设任务，这就是分包。

根据交易对象的不同，建筑工程分包又分为专业分包和劳务分包两类。

（1）机电工程专业分包

1）机电工程专业分包是施工总承包单位将其所承包工程中的专业工程发包给具有相应资质的其他建筑业企业完成的活动。例如，建筑机电安装工程中的通风与空调工程、给水排水工程、建筑智能化工程等；工业机电安装中的设备安装工程、工业管道安装工程、电气安装工程、仪表安装工程、设备与管道绝热工程、设备与管道防腐工程、工业炉砌筑工程等，都属于专业分包的范围。

2）《建筑法》关于分包的范围有如下的规定：总承包合同约定的或业主指定的分包项目不属于主体工程项目。

应该说，建筑机电安装工程的五个分部工程（专业工程），都不属于建筑工程的主体工程，都是可以分包的。而工业机电安装工程中如电站锅炉和工业锅炉本体安装，汽轮发电机组安装；制浆造纸项目中的造纸机安装；冶炼项目中的冶炼设备、轧钢设备安装；石化项目中的主要炼化设备等安装工程，都属于工业建设工程中的主体工程，一般情况下不能分包。当然分包单位具有相应专业资质，而且专业技术成熟，相应业绩突出，各种资源雄厚，在得到业主同意的情况下，也可以分包，现在这种分包的情况也很多。

（2）机电工程劳务分包

1）劳务分包是指总承包单位或专业分包单位，将其承包工程中的劳务作业发包给具有相应资质的劳务分包单位的活动。

2）目前，由于不少机电安装企业内部，具有专业技能的技术工人所占比例很小，自己没有能力完成所承包的工程，所以机电安装工程中劳务分包很多。而市场上的劳务分包单位内部，签订相对长期合同的成熟技工也不多，有任务时临时招募社会上的闲散技工和辅助人员。这就造成了劳务队伍整体素质不高，施工队伍不稳定的社会现象。所以，对劳务分包队伍的选择和管理是承包单位一个管理的重点。

（3）总承包、专业分包和劳务分包的关系

1）建筑工程总承包单位按照总承包合同的约定对建设单位负责；分包单位按照分包合同的约定对总承包单位负责。总承包单位和分包单位就分包工程对建设单位承担连带责任。

2）总承包方对分包方以及分包工程施工，应从施工准备、进场施工、工序交验、竣工验收、工程保修以及技术、质量、安全、进度、工程款支付等进行全过程、全方位的管理，杜绝以包代管的现象发生。

3）分包单位应履行并承担总包合同中与分包工程有关的承包人的所有义务与责任，同时应避免因分包人自身行为或疏漏造成承包人违反总包合同中约定的承包人义务的情况发生。

4）分包人须服从承包人转发的发包人或工程师与分包工程有关的指令。未经承包人允许，分包人不得以任何理由与发包人或工程师发生直接工作联系，分包人不得直接致函发包人或工程师，也不得直接接受发包人或工程师的指令。

2. 进行工程分包时，需要注意的问题

（1）杜绝转包

转包是指承包单位承包工程后，不履行合同约定的责任和义务，将其承包的全部建设工程转给他人，或将其承包的全部建设工程肢解后，以分包的名义分别转给其他单位承包的行为。分包单位将其承包的工程再分包也属于转包，而且这种形式的转包比较多。

转包属于违法行为。转包通过层层扒皮，层层截留，到最后造价就不够了。那最后的分包商（一般是个人）就只能是偷工减料，工期、质量、安全都得不到保证。不仅如此，建设单位、总承包单位对工程的各种控制都会失效，最后造成工程款大多被中间环节拿走了，干活的工人拿不到钱，就会闹事。这样的工程十个有十个干不好，而且会造成社会不稳定。所以从发包开始，就必须杜绝转包，一旦发现，立即解除相关合同，消除隐患。

（2）必须选择一个符合要求的分包队伍

分包队伍的选择是分包工程成败的关键，如果队伍没选好，工程注定干不好！所以工程分包（包括劳务分包），首要的就是选队伍。

现在社会上有不少皮包公司，他们既没有施工设备，也没有相应的技术、管理人员，更没有相对固定的技术工人和资金，就靠几个人走关系揽项目。一旦项目有了眉目，就找个有资质的公司挂靠，参加分包。总承包单位绝对不能选择这种皮包公司。

（3）选择分包队伍至少要注意考察以下几点：

1）确认分包单位不属于挂靠公司，具有相应的资质；

2）有相应的技术、管理人员和相对固定的技术工人队伍，而且可以用于本分包工程；

3）有相应的施工设备、有一定的资金保证，而且可以用于本分包工程；

4）有相应的施工业绩，用户口碑好；

5）项目经理和主要技术负责人的素质要符合要求并保证施工时到岗。

（4）签订一个完善的分包合同

分包合同一般由协议书、通用条款和专用条款组成。签订的分包合同，既要符合建设部标准文本的要求，又要结合工程实际情况。要把影响工程的所有方面的主要内容写进去，并且规定违反合同的处罚措施，同时要有可操作性。

例如合同中要明确：项目部的主要管理人员、技术人员名单，主要技术工人数量、持证上岗人员名单；主要施工设备的规格、型号、数量、进出场时间；总工期及节点工期保证措施；主要施工工序的施工方案和质量保证措施，安全保证体系和措施；违反合同的处罚措施等。有些内容，如施工方案、主要施工设备等可以以附件的形式附于合同后面，但合同中要规定附件与合同具有同等效力。

（5）签订一个双赢的分包合同

所谓双赢就是承包单位赚到钱的同时，也要让分包方有钱可赚，这一点也很重要。

如果分包费用太低，分包方的资源投入就会打折扣。不仅如此，有些分包商还会采用拖工期、停工、静坐示威等手段进行要挟，这样既保证不了工程质量，也保证不了工程进度，结果是双输。这是被许多分包工程证实了的真理！

（6）注意培育自己的分包队伍

既然承包商自己的施工队伍不能满足施工任务的需要，注定要分包，那么不如有意识地培育自己的分包队伍，让有限的社会资源为我所用。

3. 分包工程发包原则

（1）工程分包要遵照总包方有关"工程分包管理工作程序"进行，以加强对分包管理、保证分包工程施工质量、提高工程效益的原则行事。

（2）工程分包的范围：总承包合同约定的或业主指定的分包项目；不属于主体工程，总承包单位考虑分包施工更有利于工程的进度和质量；一些专业性较强的分部工程分包，分包方必须具备相应技术资格。

（3）不属于业主指定的分包工程，总承包单位在决定分包和选定分包队伍前也应征得业主代表（监理工程师）的认可。

4. 分包工程发包程序

（1）对申请承包分包工程的分包商的资质等级、资源条件、施工能力及其业绩等进行资格审核。

（2）采用招标的方式选定分包单位，要规定招投标纪律，避免舞弊行为和不正当竞争手段的发生。

（3）评标和决标，应有一个相互制约而且是各专业人员组成的机构。

（4）选定分包单位后，应签订《工程分包合同》。

5. 施工合同文本对分包的规定

（1）签订分包合同后，若分包合同与总承包合同发生抵触时，应以总承包主合同为准。

（2）分包合同不能解除总承包单位任何义务与责任。分包单位的任何违约或疏忽，均会被业主视为违约行为。因此，总承包单位必须重视并指派专人负责对分包方的管理，保证分包合同和总承包合同的履行。

6. 分包方的权利和义务

（1）只有业主和总承包方才是工程施工总承包合同的当事人，但分包方根据分包合同也应享受相应的权利和承担相应的责任。分包合同必须明确规定分包方的任务、责任及相应的权利，包括合同价款、工期、奖罚等。

（2）分包合同条款应写得明确和具体，避免含糊不清，也要避免与总承包合同中的发包方发生直接关系，以免责任不清。应严格规定分包单位不得再次把工程转包给其他单位。

7. 分包方的职责

保证分包工程质量、安全和工期，满足总承包合同的要求；按施工组织总设计编制分包工程施工方案；编制分包工程的施工进度计划、预算、结算；及时向总承包方提供分包工程的计划、统计、技术、质量、安全和验收等有关资料。

8. 总包方的职责

（1）为分包方创造施工条件，包括临时设施、设计图纸及必要的技术文件、规章制度、物资供应、资金等。

（2）对分包单位的施工质量和安全生产进行监督、指导。

9. 工程分包的履行与管理

（1）总承包方对分包方及分包工程施工，应从施工准备、进场施工、工序交验、竣工验收、工程保修以及技术、质量、安全、进度、工程款支付等进行全过程的管理。

（2）对分包工程施工管理的主要依据是：工程总承包合同、分包合同、承包方现行的有关标准、规范、规程、规章制度。总承包方及监理单位的指令，施工中采用的国家、行业标准及有关法律法规。

（3）总承包方应派代表对分包方进行管理，并对分包工程施工进行有效控制和记录，保证分包合同的正常履行，以保证分包工程的质量和进度满足工程要求，从而保证总承包方的利益和信誉。

（4）分包方对开工、关键工序交验、竣工验收等过程经自行检验合格后，均应事先通知总承包方组织预验收，认可后再由总承包方代表通知业主组织检查验收。

（5）总承包方或其主管部门应及时检查、审核分包方提交的分包工程施工组织设计、施工技术方案、质量保证体系和质量保证措施、安全保证体系及措施、施工进度计划、施工进度统计报表、工程款支付申请、隐蔽工程验收报告、竣工交验报告等文件资料，提出审核意见并批复。

（6）当分包方在施工过程中出现技术质量问题或发生违章违规现象，总包方代表应及时指出，除轻微情况可用口头指正外，均应以书面形式令其改正并作好记录。

（7）若因分包方责任造成重大质量事故或安全事故，或因违章造成重大不良后果的，总承包方可向其主管部门建议终止分包合同，并按合同追究其责任。

（8）分包工程竣工验收后，总包方应组织有关部门对分包工程和分包单位进行综合评价并作出书面记录，以便为以后选择分包商提供依据。

（9）总包方要在加强分包合同管理的同时，注意防止分包方索赔事件的发生。

（10）由于业主的原因造成分包方不能正常履行合同而产生的损失，应由总包方与业主共同协商解决，或依据合同的约定解决。

2.1.5 机电安装工程项目合同索赔的应用

施工索赔是建筑市场的一种正常现象，只有对索赔发生的原因和分类进行全面分析理解，才能正确履行合同并维护承包方的权益。

1. 机电安装工程索赔发生的原因

（1）设计和施工过程的难度和复杂性增大，新技术、新工艺不断出现，业主对质量和功能要求越来越高，越来越完善。

（2）合同文件（包括技术规范）描述前后矛盾。如果几个文件的解释和说明有矛盾时虽可按合同文件的优先顺序，排列在前的文件解释和说明更具有权威性。但有些矛盾仍不好解决，从而发生索赔。

（3）合同文件用词不严谨导致双方对合同条款的不同理解而引发工程索赔。

（4）项目及管理模式的变化。工程总包方、分包方、指定分包方、劳务承包方、设备材料供应承包方等，在整个项目的建设中发生经济、技术、工作方面的联系和影响，在工程施工全过程中，若一方失误，不仅会对自己造成损失，也会连累与此有关系的单位。如处于关键路线上的工程发生较大延期，就难以补救整个工程便产生连锁反应，可能会产生一系列重大索赔。尤其是"三边"工程的管理模式甚为明显。

2. 机电安装工程索赔的分类

（1）按索赔的有关当事人可分为总包方与业主之间的索赔；总包方与分包方之间的索赔；总包方与供货商之间的索赔；总包方向保险公司的索赔。

（2）按索赔的业务范围可分为施工索赔，指在施工过程中的索赔；商务索赔，指在物资采购，运输过程中的索赔。

（3）按索赔目的可分为工期索赔和费用索赔。

（4）按索赔处理方法和处理时间不同可分为单项索赔和总索赔。

（5）按索赔发生的原因可分为延期索赔、工程范围变更索赔、施工加速索赔和不利现场条件索赔。

1）延期索赔

由于业主的原因不能按时供货，而导致工程延期的风险，或设计单位不能及时提交经批准的图纸导致工程不能按原定计划的时间进行施工所引起的索赔。

2）工作范围索赔

业主和承包方对合同中规定的工作范围理解的不同而引起的索赔，其责任和损失往往不容易确定。

3）施工加速索赔

经常是延期或工作范围索赔的结果，有时也被称为"赶工索赔"。

4）不利的现场条件索赔

合同的图纸和技术规范中所描述的条件与实际情况有实质性的不同或虽合同中未作描述，而承包方无法预测的索赔。

（6）按索赔的合同依据可分为合同内索赔、合同外索赔和道义索赔。

1）合同内索赔是以合同条款为依据，在合同中有明文约定的索赔，如工期延误、工程变更、业主不按合同约定支付进度款等。这种索赔，由于在合同中有明文规定往往容易得到。

2）合同外索赔一般是难于直接从合同的某条款中找到依据，但可以从对合同条件的合理推断或同其他的有关条款联系起来论证该索赔是属合同规定的索赔。

3）道义索赔是指虽然无合同和法律依据，承包方认为自己在施工中确实遭到很大损失，而向业主寻求优惠性质的额外付款。

3. 施工索赔的实施

（1）机电安装工程索赔的处理过程

1）意向通知

发现索赔或意识到有潜在的索赔机会后，承包方应将索赔意向以书面形式通知监理工程师（业主），它标志着一项索赔的开始。索赔意向通知仅是表明意向，内容不涉及索赔数额，文字应简明扼要。

2）资料准备

索赔的成功很大程度上取决于承包方对索赔作出的解释以及强有力的证明材料，因此，在正式提出索赔报告前的资料准备工作极为重要。高水平的文档管理信息系统提供确凿的证据，对索赔的进行是极为关键的。

3）索赔报告的编写

索赔报告是承包方向监理工程师（业主）提交的一份要求业主给予一定费用补偿或延长工期的正式报告，对索赔报告进行反复讨论和修改，力求报告有理有据且准确可靠。

4）索赔报告的提交

报告应及时提交监理工程师（业主），并主动向对方了解索赔处理的情况，根据对方提出的问题进一步作资料的准备或提供补充资料，尽量为对方处理索赔提供帮助、支持和合作。

5）索赔报告的评审

监理工程师（业主）对承包方的索赔报告进行评审，当提出质疑时，承包方必须提供进一步的证据，应对监理工程师提出的各种质疑作出圆满的答复。

6）索赔谈判

监理工程师经过对索赔报告的评审，将组织并参加业主和承包方之间进行的索赔谈判，提出对索赔处理的初步意见。通过谈判，作出索赔的最后决定。

7）争端的解决

如果索赔在业主和承包商之间不能通过谈判解决，可就其争端的问题进一步提交总监理工程师解决直至仲裁。

（2）索赔的计算方法

索赔费用可分为四类，即人工费索赔、材料费索赔、施工机械费索赔、管理费索赔。其计算方法是：

1）人工费索赔

人工费索赔计算方法有三种：实际成本和预算成本比较法；正常施工期与受影响施工

期比较法；用科学模型计量的方法。

2）材料费索赔

主要包括因材料用量和材料价格的增加而增加的费用。材料单价提高的因素主要是材料采购费，通常指手续费和关税等；运输费增加可能是运距加长，二次倒运等原因；仓储费增加可能是因为工作延误，使材料储存的时间延长导致费用增加。

3）施工机械费索赔

一般采用公布的行业标准的租赁费率，参考定额标准进行计算。

4）管理费索赔

管理费索赔无法直接计入某具体合同或某项具体工作中，只能按一定比例进行分摊。

（3）索赔成功的条件及其技巧

1）正确组建强有力的、稳定的索赔班子。

2）确定正确的索赔战略和策略，一般包含：确定索赔目标；对被索赔方的分析；承包方经营战略分析；对外关系分析；谈判过程分析等。

3）索赔技巧：包括及早发现索赔机会；商签好合同协议；对口头变更指令的确认；及时发出"索赔通知书"；索赔事由论证要充足；索赔计价方法和款额要适当；力争单项索赔，避免总索赔；坚持采用"清理账目法"；力争友好解决，防止对立情绪，注意索赔要合理，方法要妥当。

【案例1】某市中型体育馆机电安装工程招投标案例

1. 背景

具有机电安装工程施工总承包一级资质的某施工单位，曾经多次承揽过中型体育场馆机电安装工程施工，拥有良好的施工设备和测试仪器，有类似工程业绩的丰富经验的施工技术人员和项目经理，近几年的经营状况和财务状况良好，但目前的施工任务不太饱满。该单位从"某市招标网"上获悉"某市中型体育馆机电安装工程公开招标，该工程为某市重点工程。"施工的公开招标公告主要内容如下：

（1）项目法人：某市政府。招标单位：XXX招标代理公司。建设地点：某市北郊。计划工期：2008年1月底开工，2009年10月底竣工。招标方式：无标底公开招标。资金来源：某市政府。

（2）投标人必须同时具备的条件：

1）响应招标、参加投标竞争的中华人民共和国境内的法人；

2）具有建设部颁发的"机电安装工程施工总承包一级"资质；

3）承担过大中型体育场馆机电安装工程施工；

4）具有良好的财务状况、施工业绩和良好的施工设备；

5）有较丰富经验的项目负责人。

（3）该机电工程中的智能化工程、消防工程由机电安装工程总承包单位分包给有经历的专业施工单位。

（4）该工程投标实行工程量清单报价，允许调整。

2. 分析

（1）该施工单位参加此次投标的理由是：

1）该项目是某市在网上公开招标，说明已通过某市发改委立项；

2）该项目是某市重点建设项目，施工单位有良好的业绩、能力和优势，应该抓住这次机会。施工单位应该参加此次投标。

（2）该施工单位参加此次投标的优势：

1）该项目要求施工单位的资质为具有建设部颁发的"机电安装工程施工总承包一级"证书，该施工单位符合条件。

2）该施工单位曾经多次承揽过大型建筑机电安装工程施工，拥有良好的施工设备，有丰富经验的施工技术人员和项目经理，财务状况良好，在建设单位（业主）的印象中应该是具有良好业绩的高水平的施工单位，目前施工任务不太饱满，能够满足施工工期的要求，所以能通过资格审查。

（3）招标单位对投标单位资格审查时，一般审查以下方面：

1）法定代表人资格证书；

2）授权代表的授权委托书；

3）企业营业执照、企业资质等级证书；

4）企业概况及履约能力说明资料；

5）企业近三年的财务审计报告；

6）主要工机具、机械设备一览表；

7）企业施工业绩及其证明材料；

8）担任该项目的项目经理需要具备机电工程建造师资格，并有相关的业绩证明；

9）招标文件中要求的其他相关材料。

（4）机电安装工程总承包单位在分包时的发包程序：

1）对申请承包分包工程的分包方的资质等级、资源条件、施工能力及其业绩等进行资格审核。

2）采用招标的方式选定分包方，要规定招标投标纪律，避免舞弊行为和不正当竞争手段的发生。

3）评标和决标，应有一个相互制约而且是各专业人员组成的机构。

4）选定分包后，经建设单位同意才能签订"工程分包合同"。

（5）该工程投标实行工程量清单报价，允许调整，施工单位的对策是：

1）要详细审核工程量清单内所列的各工程项目的工程量；

2）对有较大误差的，通过招标单位答疑会提出调整意见，取得招标单位同意后进行调整。

【案例2】某工程机械厂安装工程索赔案例

1. 背景

某工程机械厂（甲方）扩建一动力车间，工作项目共有 A、B、C、D、E、F、G、H 等 8 项内容。通过招标，最终确定由某安装公司（乙方）中标，承建动力车间的改造。双方按规定签订了施工承包合同，约定开工日期为 8 月 16 日。工程开工后发生了如下几项事件：

事件1：因原有设备搬迁拖延，甲方于 8 月 17 日才提供全部场地，影响了 A、B 两项目的正常工作时间，使该两项工作开始时间延误了 2d，并使这两项工作分别窝工 6、8 个工日，C 项目未受到影响。

事件 2：乙方与租赁商原约定 D 项目使用的某种机械于 8 月 27 日进场，但因运输问题推迟到 8 月 29 日才进场，造成 D 项目实际工作时间增加 1d，多用人工 7 个工日。

事件 3：在 E 项目施工时，因设计变更，造成施工时间增加 2d，多用人工 14 个工日，其他费用增加 1.5 万元。

事件 4：在 F 项目施工时，因甲供材料出现质量缺陷，乙方施工增加用工 6 个工日，其他费用 1000 元，并影响 H 工序作业时间延长 1d，窝工 24 个工日。

为此，乙方向甲方提出索赔

上述事件中，A、D、H 三项工作均为关键工作，无机动时间，其余工作有足够的机动时间。

经协商：工程所在地人工费标准为 30 元/工日，甲方只给予补偿的窝工人工费标准为 18 元/工日，施工管理费、利润等均不予补偿。

2. 分析

（1）乙方就上述每项事件向甲方提出工期补偿和费用补偿要求的理由根据

1）通常索赔的起因有以下几种

①合同对方违约，不履行或未能正确履行合同义务与责任；

②合同条文不全、错误、矛盾等，设计图纸、技术规范错误等；

③合同变更；

④工程环境变化，包括法律、物价和自然条件的变化等；

⑤不可抗力因素，如恶劣气候条件、地震、洪水、战争状态等。

2）施工项目实施索赔，应具备下列理由之一：

①发包人违反合同给承包人造成时间、费用的损失；

②因工程变更造成的时间、费用的损失；

③由于监理工程师的错误造成的时间、费用的损失；

④发包人提出提前完成项目或缩短工期而造成承包人的费用增加；

⑤非承包人的原因导致项目缺陷的修复所发生的费用；

⑥非承包人的原因导致工程停工造成的损失；

⑦与国家的政策法规有冲突而造成的费用损失。

（2）乙方就上述每项事件向甲方提出工期补偿和费用补偿要求的理由分析

1）事件 1：因为施工场地提供的时间延长属于甲方应承担的责任，且 A 位于关键线路上，所以对于 A 工作可以提出工期补偿和费用补偿要求；工作 B 位于非关键线路上，且未超过其总时差，故不可以向甲方提出工期赔偿，但可以提出费用补偿；工作 C 未受影响，所以不必提出工期和费用的赔偿要求。

2）事件 2：乙方不能提出补偿要求，因为租赁设备晚进场属于乙方应承担的风险。

3）事件 3：由于设计变更造成的影响是属于甲方责任，所以乙方可以向甲方提出工期和费用补偿要求，但是由于 E 工作所耽误的时间未超过其总时差（10d），不对总工期造成影响，所以即使提出工期补偿要求，甲方也应不予补偿。

4）事件 4：由于甲方供应材料质量问题造成返工事件应当索赔，并且 H 工作处在关键线路上，故应给予工期补偿和费用补偿，费用增加甲方应予补偿。

（3）在本工程中，乙方应得到的合理的经济补偿有：

1）由于事件1引起的经济补偿费用：（6+8）×18=252元；

2）由于事件3引起的经济补偿费用：14×30+15000=15420元；

3）由于事件4引起的经济补偿费用：30×6+1000+18×24=1612元

4）乙方可得到合理的经济补偿费用为：252+15420+1612=17284元。

【案例3】某宾馆改建工程索赔案例

1. 背景

某宾馆改建工程，通过招标，A建筑公司中标建筑装饰工程的设计及施工。B安装公司中标机电安装工程的施工，B公司与业主签订了施工承包合同，机电设备由B公司采购，合同约定工期为6个月，3月1日开工，在当年8月31日竣工。B公司进场后，因建筑装饰工程拖延，影响了机电工程的开工时间。在施工时，因装饰工程设计变更，机电工程返工，造成工期损失，B公司按索赔程序、索赔发生的原因分析，向A公司提出索赔。在工程验收时，供应商提供的灯具有质量缺陷，灯具调换后达到合格要求。为了赶在当年12月31日竣工，B公司加班加点，增加了人工费支出。B公司在签订合同后，由于使用索赔技巧，增加了工程效益。

2. 分析

（1）根据在宾馆的改建工程中B公司的合同关系来分析，在宾馆的改建工程中B公司不可以向A公司提出索赔，因为合同是与业主签订的

（2）根据在宾馆的改建工程中施工索赔的实施理由、索赔的程序来分析，B公司在进行索赔时索赔的程序有：发出索赔意向通知、索赔资料准备、索赔报告的编写、索赔报告提交、提供索赔证据、索赔谈判。

（3）根据在宾馆的改建工程中索赔费用的分类和按索赔发生的原因分析，B公司可以提出延期索赔、工程变更索赔、赶工索赔。

（4）根据在宾馆的改建工程中索赔技巧来分析，B公司在签订合同后，应主动寻找索赔机会；对口头变更指令及时书面确认，并发出"索赔通知书"；索赔的论证要充足；索赔计价方法和款额要适当；以单项索赔为主，总索赔为辅。

【案例4】某大楼机电安装工程合同变更案例

1. 背景

某施工单位与业主就某大楼机电安装工程签订一份合同，合同草签中规定："合同价款采用固定总价方式确定，合同价款不因情况发生变化进行调整。工程内容及其规定：（一）空调系统（不含防排烟系统）安装、调试；（二）地下车库消防系统安装、调试，以施工图内容为准；（三）工程预算由乙方按工程量清单编制，业主审查……"。在编制预算过程中，预算人员虽知道地下车库有防排烟系统，但在草签合同中有"不含防排烟系统"字样，就没有计算该项费用。合同签订后，业主要求施工单位进行地下车库防排烟系统的施工，施工单位以合同中无此项内容，要求合同变更，业主不同意，经多次协商无效，双方诉讼法律，而施工单位败诉。后来考虑到施工单位损失太大，业主同意终止合同。

2. 分析

（1）工程变更一般主要有以下几个方面的原因：

1）业主新的变更指令，对工程的新要求。如业主有新的意图，业主修改项目计划，

削减项目预算等。

2）由于设计人员、监理方人员、承包商事先没有很好地理解业主的意图，或设计的错误，导致图纸修改。

3）工程环境的变化，预定的工程条件不准确，要求实施方案或实施计划变更。

4）由于产生新技术，有必要改变原设计、原实施方案或实施计划，或由于业主指令及业主责任的原因造成承包商施工方案的改变。

5）政府部门对工程新的要求，如国家计划变化、环境保护要求、城市规划变动等。

6）由于合同实施出现问题，必须调整合同目标或修改合同条款。

（2）合同终止应具备下列条件之一：

1）工程承包合同已按约定履行完成；

2）合同解除；

3）承包人依法将标的物提存。

（3）按照背景材料，不符合合同变更的原因，施工单位不可要求合同变更。

（4）本案例中，业主、施工方双方同意合同解除，合同终止成立。

【案例5】某工业机电安装工程专业工程分包综合管理案例分析

1. 工程概况

某建设工程有限公司中标承建山东某纸业股份有限公司年产45万吨新闻纸项目，项目建在某工业园区内，全套生产线引进当前国际上最先进的造纸工艺和生产技术，是目前世界上新闻纸生产线中单机产量最大的一台新闻纸机。纸机本体设备制造、生产工艺和控制系统都属当今世界最先进水平。

（1）工程主要施工范围包括：纸机本体、复卷机、包卷机设备安装；纸机备浆、上浆与打浆系统设备安装；车间所有附属设备安装（设备安装合计7500t）；工艺管线安装（30500m）；非标制安（1230t）；电气工程安装；自控仪表工程安装；通风工程安装等。

（2）工程总造价3250万元（不含主材），工期自2008年3月至2008年10月，共240天。

（3）工程特点：工程任务量大，工期短，必须采用平行作业和交叉作业施工，施工进度安排和现场协调任务非常繁重；工程专业多，几乎包含了工业机电安装的全部专业（工业炉砌筑除外），而且每一个专业的任务量都很大；进口设备要求全部采用国外设备制造厂标准，施工质量要求高；业主对施工现场的文明施工和安全施工要求严格。

2. 项目策划

万事谋为先，只有精心的策划和准确计划的前提下，工程才能得以顺利地实施。因此，项目部在开工之前依据总公司体系运行的要求及本工程的施工特点，主要进行了如下策划：

（1）计算工程量：因为投标时还没有详细的施工图纸，所以在开工前应根据施工图纸进行工程量的计算，以便根据各专业的工程量详细安排开竣工时间和施工资源的配置。

（2）决定分包工程的范围：根据本工程的特点，纸机本体安装和电气仪表工程为公司内部人员承包，其他工程向社会有资质的单位分包。

（3）分包原则：公开或邀请招标，同等条件下原有合格分包商优先；内部分包也采用竞争方式，同样纳入分包队伍管理；工程量大的分部工程选用两个到三个分包队伍，签订分包合同，同时要交纳 10% 的履约保证金。

（4）决定项目部结构设置：根据工程特点和工程量，决定设立技术质量科，设备材料科，安全科，工程科，财务科；并规定其职责范围和相关规章制度。

（5）划清职责范围、制定规章制度：要做到职责清楚、责任明确、事事有人管、事事有标准、奖罚有依据。

（6）编制项目成本计划，确定降低成本的措施。

3. 分包队伍选择

分包队伍的选择在很大程度上决定了项目的成败，因此要严格，要谨慎。

根据项目策划的结果，将纸机本体安装和电气仪表工程分包给公司内部施工队伍；将非标制安、工艺管道工程和单体设备安装工程分包给外部施工单位。参加分包投标的外部施工单位，有些是过去使用过的合格分包商，有些是新加入的。

项目部选择外部分包队伍主要考察如下条件：

（1）分包队伍的资质、注册资本金、施工资源（包括技术人员、管理人员、施工设备、专业技术工人、持证上岗人员、项目经理等）。

（2）是否有过同等专业施工业绩，资信度、社会口碑如何。

（3）施工期间分包单位能够投入本工程的资源。

（4）到本项目的项目经理的资质、施工管理水平。

（5）可以接受的报价。

经过考察和筛选，最终将非标制作和安装分包给了 B 公司，将单体设备安装和工艺管道分包给了 C 公司和 D 公司。分包单位自备施工设备，辅材费用由分包单位负担。

4. 分包合同的签订

分包合同的签订十分重要，除了执行建设部分包合同的标准文本以外，还要根据分包项目的具体情况，重点明确下列问题：

（1）明确常驻现场的项目经理和主要技术、质量管理人员要与投标时确定的一致，没有总包单位的同意，上述人员不得更换。

（2）明确到现场施工的持证上岗操作人员名单（作为附件），尤其是焊工、起重工、电工。

（3）明确进度（包括节点工期）保证措施以及进度拖后的处罚措施。

（4）明确总包合同中与分包单位有关的风险，分包单位都要承担。

（5）明确工程进度款的监督使用方法（包括对施工人员工资发放的监管办法和辅材采购付款办法等）。

（6）明确文明施工和安全施工的要求，明确分包单位的工伤事故主要由分包单位承担，总包单位配合处理的内容。

（7）明确分包工程的范围及具体接口内容。

5. 对分包队伍管理

对分包队伍的管理是总包单位最主要的工作之一，可以说，对分包队伍管理的好坏，决定了项目实施的成败。总包单位项目部对分包队伍的管理主要体现在以下几个方面：

（1）根据工程的具体情况灵活分包：例如，对工程量大的分部工程，比如该工程的工艺管道安装工程，工程量很大，所以选择两个分包队伍（C 公司和 D 公司）分块施工，同样的价格，同样的要求。

这样做的结果是，一方面增加了两个单位的竞争，另一方面不会被分包单位牵着鼻子走，有回旋的余地。例如一个分包单位进度上不来，项目部可以令其采取措施尽快赶上来，如果没有多大的改进，项目部可以划出一部分给另外那个分包单位，这个内容在分包协议里就明确了。这样协调起来可能麻烦一些，但是利大于弊！

（2）派专人对分包队伍进行管理：尽管项目部对分包队伍进行了选择，也签订了比较详细的分包合同，但这只是开始。总承包项目部还必须对分包队伍进行全方位、全过程的管理。因为目前国内的专业分包企业也好、劳务分包企业也好，大部分的管理相对薄弱，管理人员的素质相对较低。

对每一个分包单位，项目部派驻两名管理代表，一个专业工程师，一个专业技师。他们要对分包单位的进度管理计划、作业计划的落实，节点工期的实现情况进行检查；对现场工作面、大型施工设备使用、工业设备及主材的供应等进行协调；对施工技术进行指导，对工程质量进行监督检查；对现场文明施工、安全施工进行指导和检查。

管理代表每天向项目部主管领导进行汇报，发现问题及时解决。这些管理代表既协助分包单位工作，又对分包单位进行指导和监督，大大加强了对分包队伍的管理。分包单位对这样的管理代表也很欢迎。

（3）对分包队伍的材料管理：专业分包一般包括主材和辅材，但该工程业主供应主材。对于分包单位材料的管理十分重要，因为如果供应主辅材料，占用的资金比例就很大，一旦控制不好就会出现问题。

项目部的做法是，对于分包单位选定的辅材，管理代表要去考察其质量和价格。购买的辅材质量必须符合设计和相关规范的要求，价格要合理，数量在材料计划范围内，才能商定或签订购货合同。货款由项目部财务科代付，但占用分包单位的工程款。这种做法，既可杜绝分包商采购的材料不合格，又可杜绝以购买材料为名，冒领工程款的现象发生。

例如该项目用量最大，也是影响焊接质量最大的不锈钢焊丝。分包单位与管理代表一起对工程所在地的供应商进行考察，经过比较和筛选确定了一家不锈钢焊丝供应商，商定了不锈钢焊丝的品牌和价格，签订了供货协议书，规定了提货和付款办法。总包项目部还规定了提货必须有项目部材料管理人员的签字，材料进场必须经项目部材料管理人员的检查合格，否则不予付款。这样既保证了焊丝的质量，也确保了所购买的材料确实用在该工程上。

（4）对分包队伍的人员管理：分包队伍的人员素质和数量，对工程的进度、质量起着决定性的作用，因此对分包队伍人员的管理是对分包队伍管理的又一个重要方面。

对分包单位人员管理包括对分包单位主要管理人员如项目经理、项目工程师、主要技术人员，主要施工人员包括持证上岗技术工人、主要技工等管理。分包合同附件规定的主要管理人员和主要技术工人必须如数进场，如果差距较大又不能改进的，要及时采取果断措施。不仅如此，对分包单位每天出勤的人数也要清点，做到心中有数。

对分包人员管理还包括对分包单位给工人发放工资的管理。因为有些分包单位收到工程款后不给工人发放全额工资，最后以工程亏损为名拖欠工人工资，造成工人闹事，给总承包单位造成麻烦和损失。为了杜绝此类事件发生，项目部要求将每个分包单位现场人员的身份证复印件及本人的签字交到项目部备案。每次发放工资后，分包单位必须把有工人本人签字的工资单交到项目部。项目部的管理代表还要根据工资单对本人进行抽查，确认每个工人都领到工资为止。

（5）对分包单位的文明施工、安全施工管理：施工企业的文明施工和安全施工管理是最重要的管理之一，它不但体现了一个企业的现场管理水平，还是影响企业利润和社会安定的重要因素。一旦出现工伤事故，不仅处理起来很困难，而且处理成本也越来越高。

项目部的具体措施是：

1）与分包单位签订文明施工、安全施工协议书，明确实施标准和奖罚措施；

2）要求分包商必须给本单位每个进场人员上意外保险，保险金额要求为中等水平；

3）项目部对分包单位的文明施工和安全施工的费用在分包合同中单列，专款专用；

4）项目部安全员和管理代表定期和不定期地对施工现场的文明施工和安全施工进行检查，发现问题限期整改，将隐患消灭在萌芽状态；奖罚及时兑现。

例如安全管理制度规定施工现场禁止吸烟，项目部在现场专门设置了三个吸烟室。但还是有人不自觉在现场吸烟，安全员当场开罚单50元，有效控制了不安全行为。还有高空作业不系安全带的，安全员当场制止并罚款。严格的管理使施工现场的不安全行为大大减少，整个项目实施过程中没有出现重伤以上安全事故。文明施工也得到了业主的认可。

（6）对分包队伍的质量管理：就目前的分包队伍而言，总体质量意识不是很高，所以对分包队伍工程质量的管理也是一个大项。对分包队伍的质量管理项目部做了以下工作：

1）逐级进行技术交底：利用晚上的时间由项目部专业工程师对分包单位班组长以上人员和主要技术骨干进行技术交底，讲清施工方法、质量要求、保证措施等。技术交底记录要求交底人和被交底人签字。

2）分包单位要有自己的质量控制体系并执行总承包项目部的质量奖罚制度：本工程规定分包单位的技术质量负责人为主管质量责任人，各组长分别负责本组的施工质量，管理代表负责抽检。

3）关键工序的质量必须保证：例如本工程工艺管道焊接是关键工序，其中最容易出问题的是不锈钢管道焊接内部不充氩气或者管道内部的空气没有排除干净就开始焊接，这样就很容易使管道内部的焊缝氧化，成型不好，质量不合格。所以，项目部管理代表就特别注意这样的环节，使之始终处于受控状态。

4）按程序进行验收，验收合格后支付进度工程款：对分包工程的验收和评定，要按照检验批（部位）、分项、分部一步一步地进行。每月进度款支付前，都必须对上月的工程质量进行验收和评定，合格后方可支付进度工程款。例如，有一个班组被查出有五道焊口内部成型不好，有三处管支架设置不符合规范要求造成返工，致使工程款迟付三天。因为他们使整个分包队伍晚发工资，他们承受的无形压力就很大。这个班组以后再也没有出现过质量问题。

6. 工业项目专业分包与劳务分包需要注意的问题

目前不管是工业机电安装工程还是建筑机电安装工程，分包已经是一个普遍的社会现象，因此对分包队伍的管理确实是机电安装行业一个最主要的问题。可以这样说，分包企业的进步和对分包队伍的管理，关系到整个行业的进步和健康成长，必须引起全行业的重视。

上述某工程有限公司项目部在多年对分包工程的管理工程中，体会到有下列问题需要注意：

（1）一般规模的工业机电安装项目分包，应该以劳务分包为主：一般规模的工业项目市场竞争很激烈，承包价格一般压得比较低。而劳务分包队伍一般规模较小，施工成本相对较低。而如果整块（包括主辅材料）分包给规模大的公司，他们的运行成本相对较高，一旦他们拿到工程，就会千方百计地降低施工成本，造成该配置的施工机械设备上不来，该配备的人员也上不来，工程反而干不好，在这方面很多总包单位都有深刻的教训。

当然，如果是大型工业机电安装项目分包，则主要考虑分包单位的施工能力和施工技术水平，分包给大公司也是很自然的。

（2）分包队伍一定要自带施工设备和器具（大型施工设备除外）：这样要求一方面是考察分包队伍有没有一定的施工实力和资源，另外他们用自己的设备自然要爱惜，可以避免不必要的损失。

（3）劳务分包最好包辅材：辅材是最容易浪费和流失的，如果分包包括辅助材料，分包单位就会加强这方面的管理，减少浪费和流失，从而也就节省了施工成本。但总承包项目部要对辅材的质量严加控制，必须保证投入工程的辅材质量是合格的。

（4）对于一般工业项目中的工程量大的分部工程，可以分包给两家合格分包商，具体理由前面已经说明。

（5）各分包队伍之间的接口，一定要在分包合同中明确规定，避免施工中出现扯皮推诿现象。

加强施工协调，坚持班后会制度。工业机电安装项目平行作业多、交叉作业多，现场协调十分重要。该项目部每天下班后召集各分包工程的负责人和管理代表召开班后会，检查当天任务完成情况，解决发现的问题，布置第二天的任务，协调各方面的关系。会议的目的要明确，时间不宜长。例如，该项目设备安装期间，设备的运输吊装任务量很大，经常是几个班组同时需要使用一台大型施工机械，这些问题在班后会上提出，项目部统一调配，合理安排，避免施工机械的无序使用，保证了工程的顺利进行。

（6）支付分包队伍的进度款比例，一定要小于业主支付给总包单位的工程款的比例。付款前，仔细核实其完成的工作量和工程质量，严格按照工程进度支付工程进度款，要避免出现超付进度款的现象。

（7）对于各方面表现不错的分包队伍，可以作为长期合作伙伴培养。这样，分包方可以比其他单位更容易得到分包工程，总包单位对分包单位十分了解，对双方都有利，使用起来放心。当然，长期合作的前提是双赢，这一点总承包单位要注意。

【案例6】某小区住宅楼建筑机电安装工程劳务分包综合管理案例分析

1. 工程概况

某小区住宅楼建设项目由 A 建设工程有限公司总承包。建筑面积 3 万平方米，由三栋独立的 8 层楼房组成，框架结构。总承包合同规定，水电齐备，具备初装修条件，总承包价款 4130 万元，合同工期从 2008 年 6 月 1 日至 2009 年 5 月底，共 360 天，每延误一天罚款 1‰，但最高罚款不超过合同价款的 5%。电梯由业主选择的电梯制造公司安装，但要求总承包单位密切配合，按时提供安装条件。A 建设工程有限公司随即成立了项目部。

2. 分包队伍的选择

项目部经过考察，认为 B 公司实力和业绩都不错，报价也可以接受，于是通过招标确定了 B 劳务公司为土建工程劳务分包商。

项目部认为，建筑机电安装技术含量不高，但材料繁杂，不好管理，计划含材料分包出去。

经过熟人介绍，加上报价最低，承诺得也很到位，项目部就选择 C 公司承担机电安装工程任务，并负责与土建配合进行预留预埋工作，机电安装工程分包价款 438 万元。

机电分包合同规定，没有预付款，工程款每月结算，按 85% 支付，工程竣工后，扣留 5% 的质量保证金后，其余一次付清；工程进度必须按照节点工期完成，延期一天罚款 1‰。

3. 分包出现的问题

（1）进度滞后

B 公司按照合同约定的进度计划，进行得比较顺利，C 公司开始阶段配合预埋预留也比较正常，项目部对两个分包单位比较满意。

随着工程进展，到了机电安装高峰期，C 公司由于专业施工人员不足，尤其是电工和电焊工严重不足，工期严重拖后。项目部敦促 C 公司加快施工进度，要求增加施工人员。但 C 公司阳奉阴违，不肯增加人员，并要求增加合同金额。

对出现的问题，项目部考虑如果不采取措施，进度肯定不能保证，业主的罚款也不在少数，但是临时换队伍一是来不及，并且费用也太高。唯一的办法只有给 C 公司增加承包费用，敦促其增加施工人员，加快工程进度。于是经双方协商，一次性给 C 公司增加人工费 10 万元，C 公司答应增加施工人员，加快施工进度。

C 公司拿到钱后，虽然增加了几个技术工人，但进度依然保证不了。当 A 公司提出准备惩罚 C 公司时，C 公司动员工人罢工，要求不仅不能惩罚，还要追加工程款，否则谁也别想干，一副流氓架势。

事情到了这个地步，使 A 公司项目部陷入了进退两难的难堪局面，分包队伍又不能清退，工期又拖不起，只能选择追加工程款，于是又追加了 10 万元。

最后，工程是干完了，但工期还是拖了，A 公司被业主罚款 15 万元。

（2）材料款支付监控不到位

按照合同约定，配合土建的预留预埋人员工资和头一个月的人员工资和材料费，是要 C 公司垫付的，但 C 公司没有钱垫付。C 公司以"采购材料要现款，没钱买不到"、"材料要涨价，需提前购进材料"、"抢赶进度要增加人手或加发工资"等各种理由，让 A 公司追加进度款。而 A 公司为了不耽误工期，也为了息事宁人，本着总额控制的原则，在没有监督资金去向的情况下，追加了进度付款，以至于工程完工时，进度付款比例达到了96%（还不包括追加的 20 万元），材料预付款也大大的超过了预算规定的数额。

工程完工后，C 公司拒绝来办结算。

A 公司要起诉 C 公司，而 C 公司只是一个皮包公司，钱早已转走，即使胜诉也拿不到钱。无奈，A 公司只得放弃起诉，自己承受损失。

上述例子只是近几年来发生的、最一般的、最普通的一个分包失败的案例。

4. 分包的教训

（1）队伍选择不规范

目前分包不可避免，尤其是建筑工程，约90%以上采取分包，而其中最主要的就是分包队伍的选择。分包队伍一旦选错，会引起一系列的问题，工程也肯定干不好，其他补救措施也很难奏效。

领导、熟人推荐分包队伍，这种现象不可避免，但是不论是谁推荐的，分包队伍一定要可靠，一定要去考察，一定要符合分包要求，单靠关系是靠不住的。工程干不好，分包队伍是领导推荐的也不会给你承担责任，这种教训比比皆是。

（2）对分包问题的处理不及时不果断

一般情况下，分包合同的内容是比较全面的，对分包商的要求也是严格的。在工程开工初期，就要严格考察分包商具体落实合同情况，包括人员、施工设备、资金到位情况，施工准备情况，现场管理情况等，一旦发现不符合合同规定的要求，而又无力改变的，应马上采取措施清除，以绝后患。如果处理不及时，等工程进行到高潮时，再清除就很难了。本案例就属于处理不及时、不果断，最后是哑巴吃黄连有苦也难言！

（3）对分包商要细化管理

面对当前良莠不齐的分包市场，作为总承包商必须要细化管理，多一份小心。包括进度、质量、安全等都要派专人管理，杜绝以包代管的现象。例如对分包商购进的材料质量，一定要检查；对于进度计划规定的节点工期一定要落实；对于分包商每月完成工作量一定要认真审核，防止超报。同时，对分包商的资金流向也要注意，对恶意拖欠民工工资和材料款等情况要主动干预和防范。对于目前经常发生的分包商恶意拖欠民工工资的行为，尽量采取严格有效的监管措施，确保工程款用于工程本身。

本案例就属于对分包商管理不到位，以包代管现象严重，使分包商钻了空子，最后使总承包单位自己蒙受损失！

（4）尽量采取劳务分包的形式

劳务分包只牵涉到劳务人员的工资和分包单位的管理费用、利润等。如果管理细化一些，掌握好分包单位完成的实物工作量，就能够控制好资金的发放。如果总包单位代发操作人员工资，风险就会更小，解决问题也容易些。当然，单纯的劳务分包会使总承包单位管理人员增多，管理的工作量会增加很多。

（5）层层转包，这是违反《建筑法》的，也是危害建筑业的顽症，一旦发现，立即解除合同，绝不要姑息迁就！

2.2　机电安装工程进度管理

机电安装工程进度计划是施工组织设计的重要内容之一，是机电安装工程施工进度控制的直接依据，是人力、物资需要量计划编制的依据，是确定大型施工机械进场时间的依据，同时对施工安全技术措施、质量计划的编制起着引导作用。施工进度计划包括了施工准备、全面施工、试运行、交工验收等各个阶段的全部工作。

2.2.1　机电安装工程进度计划编制

1. 工程施工进度计划的表达方法

工程施工进度计划可用横道图、网络图等表示。

（1）横道图进度计划可以明确表示施工活动的名称及其持续工作时间。横道图进度计划编制方便，便于实际进度与计划进度比较，便于劳动力安排，但不易反映各工作的逻辑关系。当工程施工进度计划节点较大，相互制约和衔接的逻辑关系比较清楚时，可用横道图表示。

（2）网络图进度计划能够清晰表达各项工作之间的逻辑关系，通过网络图的时间参数计算，可以找出关键线路和关键工作，控制施工进度；能反映非关键线路中的机动时间，进行优化和调整，合理调度人力和物力，有利于降低施工成本。当工程制约因素较多，施工图纸、设备材料采购供应尚未全部清晰，为便于施工中进度计划调整，用网络图表示为妥。

2. 施工进度计划的分类

（1）按工程项目划分：项目施工总进度计划、单位工程施工进度计划、分部分项工程施工进度计划。

（2）按施工时间长短：年度施工进度计划、季度施工进度计划、月度施工进度计划等。

（3）按机电工程专业：通风与空调工程施工进度计划、管道工程施工进度计划、电气工程施工进度计划等。

3. 工程施工进度计划的编制

（1）工程施工进度计划的编制依据有：施工承包合同和投标文件，项目建设计划，工程设备、材料的供应计划，工程所在地行政主管部门监督管理的有关规定，工程所在地的气象和环境等资料。

（2）民用建筑的机电安装工程施工进度计划要与建筑工程施工总进度计划协调一致，工业建筑的机电安装工程施工进度计划要按生产工艺流程进行安排。

（3）进度计划应表达该工程所有分部分项工程的施工内容，按承包合同确定施工范围内分部分项工程的实物工程量和工程造价，依据施工经验、相关定额、现场施工条件和当地气象环境等因素，确定分部分项工程的施工持续时间。

（4）明确各分部分项工程间的衔接关系，合理安排开工顺序，尽量做到均衡施工，把工程量大、技术难度大、试运转时间长的分部分项工程优先开工，留出一些次要的分部分项工程作平衡调剂用，使进度计划留有余地。

4. 施工进度计划审核内容

（1）施工进度目标能否满足总合同工期要求，施工程序和作业程序安排是否合理。

（2）各类施工资源计划与进度计划实施时间要求是否一致，能否保持施工均衡，使资源得到充分地利用。

（3）各专业之间在施工时间和作业位置的安排上是否合理，是否留出一些后备工程，以便在施工过程中作为平衡调剂使用。

（4）全面考虑各种不利条件的限制和影响，对风险因素的影响是否有防范对策和应急预案，能否保证质量、安全需要，为缓解或消除不利影响做好准备。

（5）制定调整方案及相应措施，进行必要的进度调整，保证合同有效执行。

2.2.2 机电安装工程施工进度计划实施

1. 机电安装工程进度计划的落实

（1）施工进度计划的交底：明确施工进度控制重点（关键线路、关键工作）、人力资源和物资供应情况、各专业的分工和衔接关系及时间节点，施工安全技术措施和分部分项工程质量目标。

（2）工程进度总目标确定后，应将此目标分解到每个专业分包单位，要求专业分包单位按进度计划进一步分解，用施工任务书把计划任务落实到施工班组。

（3）对照进度计划进行控制，检查进度实际情况，落实关键工作进度，时差利用和工作衔接关系的变动情况等。分析产生进度偏差的原因，采取纠偏措施进行调整，形成新的进度计划，进行进度控制。

2. 影响工程施工进度的因素

（1）工程建设的有关单位（建设单位、监理单位、设计单位、物资供应单位、供电供水和政府有关部门等）的工作进度。例如：设计变更或是业主提出了新的建设要求，影响施工进度。

（2）施工过程中需要的设备、材料、构配件和施工机具等不能按期运抵施工现场，或运抵施工现场后发现其质量不符合有关标准的要求。例如：建设单位拖欠工程进度款，影响施工进度。

（3）在施工过程中遇到气候、水文、地质及周围环境等方面的不利因素，施工承包单位寻求相关单位解决但自身又不能解决的问题。

（4）施工单位的管理、技术水平以及项目部在现场的组织、协调与控制能力。例如：在固定总价承包合同中，遇到设备、材料价格上涨，影响施工进度。

3. 机电安装工程进度计划的调整

（1）进度计划进度偏差的调整应重点对供应商违约、资金不落实、进度计划编制失误、施工方法不当、施工图纸提供不及时等引起的进度偏差及调整。

（2）进度计划调整的方法有压缩或延长工作持续时间、增强或减弱资源供应强度、改变作业组织形式（搭接作业、平行作业等）、在不违反工艺规律的前提下改变衔接关系、修正施工方案等。

4. 工程施工进度控制的主要措施

（1）建立进度控制的组织体系，确定进度控制的工作制度，落实各层次管理人员的进度控制任务和责任，确定进度控制目标。

（2）采取加快施工进度的技术措施。对施工方案进行优化，分析施工技术的先进性和合理性，为实现进度控制目标，改变施工方法和施工机械的可能性。

（3）加强对施工合同的工期、索赔与有关进度计划目标的协调措施。

（4）实现进度计划的资金措施，如资金需求计划、资金供给和激励措施等。

5. 实施中的施工进度统计调整

在施工中收集实际进度的有关资料并进行整理统计，与计划进度进行对比，是否出现偏差，是否需要对进度计划做出调整和修正。对人力资源使用工日和物资消耗数量及大型机械使用台班数等做出统计和调整。

（1）机电工程施工进度偏差的分析

若出现进度偏差的工作为关键工作，则无论进度偏差大小，都对后续工作及总工期产生影响，必须采取相应的调整措施。

若出现进度偏差的工作不是关键工作，则需要根据偏差值与总时差和自由时差的大小关系，确定对后续工作和总工期的影响程度。

非关键工作的进度偏差大于该工作的总时差，此偏差必将影响后续工作和总工期，必须采取相应的调整措施。非关键工作的进度偏差小于或等于该工作的总时差，此偏差对总工期无影响，但它对后续工作的影响程度，需要根据比较偏差与自由时差的情况来确定。

非关键工作的进度偏差大于该工作的自由时差，此偏差对后续工作产生影响，如何调整应根据后续工作允许影响的程度而定。非关键工作的进度偏差小于或等于该工作的自由时差，此偏差对后续工作无影响，原进度计划可不作调整。

（2）施工进度计划的调整方法

应重点分析供应商违约、资金不落实、进度计划编制失误、施工方法不当、施工图提供不及时等引起的进度偏差，并及时采取措施调整。

采用横道图进度计划时，只要将计划进度线的长度与实际进度线长度对比，即可判定是否有偏差和偏差的数值。采用网络图进度计划时，可用 S 曲线比较法、前锋线比较法或列表比较法等进行判定。

当实际施工进度产生的偏差会影响总工期时，而工作之间的衔接关系允许改变，可改变关键线路和超过计划工期的非关键线路的有关工作之间的衔接关系来缩短工期。不改变工作之间的衔接关系，缩短某些工作的持续时间，使施工进度加快，保证实现计划工期。

（3）进度计划调整的内容和步骤

进度计划调整的内容主要是：施工内容及工程量，工作的起止时间、持续时间和衔接关系，劳动力、设备材料和施工机具等资源供应情况。

调整施工进度计划的步骤：分析进度计划的检查结果，确定调整对象和目标，选择适当调整方法，编制调整方案，对调整方案评价和决策，确定新的施工进度计划。

【案例 7】某建筑大厦安装工程项目管理案例

1. 工程概况及技术特点

（1）工程概况

工程总建筑面积为 260000m^2，其中地上建筑面积 160000m^2（地上 40 层），地下建筑面积为 100000m^2（地下 3 层）。

主要机电工程内容有：

1）建筑电气工程：变配电工程、柴油发电机组安装、室内配电干线、室内照明、景观照明、动力工程、防雷及接地工程等。

2）建筑给水排水及采暖工程：生活给水、卫生洁具安装、污水雨水排水、锅炉设备安装、循环水管道等。

3）通风空调工程：空调设备安装、空调风系统、空调水系统、防排烟系统等工程。

（2）工程特点

本建筑工程开工日期为 2009 年 1 月 1 日，计划竣工日期为 2011 年 12 月 30 日，工程总工期为 1095 天。其中机电安装高峰期为 2011 年 1 月 1 日～2011 年 12 月 30 日。

本项目的机电安装的工作量大，并且时间紧，机电设备安装时间实际只有9个月，同时机电工程施工时受土建、装饰、幕墙等多方施工单位及外配套和供应商的制约，进度控制相当困难。所以要求工程优质、安全地按工期竣工，难度很大，对整个机电工程的施工组织管理提出了很高的要求。

项目部根据机电工程的特点，明确施工范围、内容、开竣工日期、各施工单位。实行挂牌施工，牌子要置于施工范围的明显处，以便社会监督。建立现场的文明责任制，场容场貌文明有序。坚持"双优"服务，做到无野蛮施工，无违章施工和无重大安全伤亡事故。配合建筑总承包，使施工现场要达到"文明工地、标化工地"。

2. 进度控制

（1）、建筑结构工程2009年1月开工，结构进度计划2010年12月结构封顶，机电安装工程需等到2011年1月才可能大面积施工，工程竣工日期为2011年12月。由于机电工程的联动调试必须1个月时间，也就是说2011年10月前各项机电安装工程须基本安装完毕，并具备调试条件。所以整个机电工程设备安装时间实际只有9个月，工期相当紧张。为保证工程能得以按时完工，避免施工高峰时出现管理混乱局面，如何保质保量完成施工，给施工管理工作提出较高要求。项目部对进度计划通过以下几方面加强控制，完成施工任务。

1）进行施工图纸的深化设计，做好图纸会审与设计交底工作，强化水电风管线设计的深度，确定水电风管线的走向及标高，确认设备的安装位置。

2）加强施工阶段的水电风管线综合协调，做好水电风管线施工安装，对可能存在的水电风管线碰撞，或标高难以保证的区域，提前做好设计变更，避免高峰期由于此类问题引起工程停顿。为保证施工时不会因管线碰撞，而引起的施工停顿或返工，从而影响工期，项目部全力加强水电风管线的综合设计，力争在施工图上解决。

3）对施工区域合理划分，让分包单位分块施工，高峰时形成一定的竞争上岗机制，谁的施工质量好进度快，谁就可以多接施工任务，以保证工程顺利施工。

4）编制设备材料进场计划，完成设备材料的价格报审手续。设备材料的采购工作，做到按时合理，充分考虑设备厂商的制造周期、进场时间及条件限制，确保设备材料按计划运抵施工现场，避免影响工期。

5）施工前根据各施工内容的特点和难点编制出施工方案并进行报审，同时安排劳动力及施工机具进场。

6）编制大型设备的进场计划，考虑设备进场运输路线，对高、重、大型设备和容器的吊装就位，编制吊装施工方案。

7）了解土建的施工进度情况，配合土建施工，预埋各类管线及套管，水管、风管、桥架的结构留孔，不影响施工工期。

8）管线的安装采取工厂化预制，现场装配的施工方式，加快工程的施工进度，同时也保证了施工质量的统一。更为重要的是可以转移现场的施工高峰，减少了现场用工，保证施工处于常态管理的状态。

9）施工顺序的安排，按照各专业工程的特点来划分。各系统的总管可以优先安装，然后安装分支管道。吊顶内管线施工时，应遵循小管道避让大管道，有压管道避让无压管道等原则。安装顺序应为由上至下开始，这样使不同工种之间减少相互干扰，机电工程可以连续施工。

（2）机电工程预计2011年10月进行单机调试，11月联动调试，12月竣工，时间安排上较为紧张。工程的正式供水、供电必须在2011年10月前施工到位，并积极配合业主尽早联系落实供电、供水的配套工作，使联动调试能顺利进行。

（3）项目部合理安排施工人员保证施工进度，做到错峰施工，减少或消除突击施工现象，尽量使施工一直处于常态管理之中。针对机电安装工程的进度计划编制了劳动力需用计划（2011年3月~12月）见图2-1。

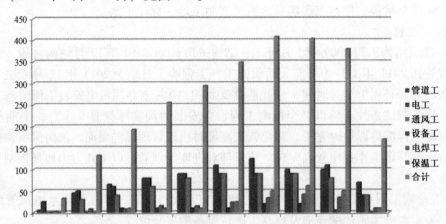

	3月	4月	5月	6月	7月	8月	9月	10月	11月	12月
管道工	5	45	65	80	90	110	125	100	100	70
电 工	25	50	60	80	90	90	90	90	110	40
通风工	0	30	40	60	80	90	90	90	80	40
设备工	0	0	10	10	10	10	20	20	10	10
电焊工	5	10	10	15	15	25	35	43	45	10
保温工	0	0	10	10	10	25	50	62	10	10
合 计	35	135	195	255	295	350	410	405	355	180

图2-1　劳动力需用计划

3. 质量控制

（1）本项目机电工程的质量目标为优良，分部工程优良率为100%，分项工程优良率为100%。为达到该质量标准，在施工现场建立质量保证体系，并组织落实，通过质量保证体系，对人、机、料、法、环进行全过程、全方位的控制，对质量目标进行逐项分解，用具体的小目标来保证大目标，在技术上采用先进、有效的措施，来确保目标的实现。

（2）安装工程施工中除执行国家的最新标准外，还应严格执行有关部门颁发的施工技术规范和标准，以保证技术资料的有效性和适宜性，使工程质量达到国家质量验收规范标准，并且一次性通过验收合格，最终确保工程质量的优良。

（3）加强对施工图的交底和施工技术交底工作。对关键施工过程应由项目工程师组

90

织实施，施工中认真做好各关键工序的检验。配合土建的预埋和预留时，应派专人进行监护，对其位置应严格检查，仔细对照。

（4）设备材料达到施工现场，应检查设备材料的包装是否完好，是否具备出厂合格证、质保书、使用说明书、保修单等资料，名称、型号、规格、数量与送货单是否相符。在完成开箱检查之后，需填写《设备开箱检查记录表》由交接双方共同签证确认。对于进口设备及材料，应参照有关的商检报告进行验证。需进行理化试验和无损检验的项目，应委托试验室进行，并出具试验报告。设备材料进货检验中，发现有不合格，需填写不合格品报告。

施工作业前对管材、配件等材料仔细检查，确保施工中不会混用、误用不应使用的材料，必要时可实现重要材料的可追溯性。设备和材料应根据"谁收料谁标识、谁存放谁标识、谁施工谁标识"的原则，做好施工标识。

（5）分部分项工程施工完成后，由项目部施工员填写"施工记录表"，经项目部质量员确认签证。施工工序经自检、互检、专检合格后，填写"质量检验合格记录"，经项目部质量员检验确认同意后，才能转入下道工序，保证分部分项工程项目符合国家验收标准和合同要求。

（6）机电工程的施工记录、分项工程质量检验评定记录等文件按工程资料办法收集归档。设备材料随机技术文件由资料员办理登记，由施工员保管使用，竣工交付后归入档案，通过总包移交给业主。

4. 安全管理

（1）施工现场安全、环境及职业健康管理目标：负伤事故控制在1.0‰以内，死亡事故为零，杜绝火灾、中毒等重大事故，粉尘、污水、噪声达到城市管理要求。没有业主和社会相关方的重大投诉。

（2）项目部制定各项安全技术措施，负责对进入施工现场的职工进行安全、消防教育。定期对本项目施工人员进行常规和针对性的安全消防教育及宣传。负责对施工项目的各类安全、消防及文明施工台账的管理。

（3）按建筑工程施工现场标准化管理规定组织施工，道路、临时管线、材料、设备和附属设施的平面布置都应符合安全、防火、卫生和标准化施工管理的要求。遵守安全生产各项安全操作规程，正确使用安全保护装置和保护设施。

（4）加强以下几方面的安全管理，争创安全文明达标工地。

1）施工作业人员在进场后，应组织安全培训，从现场的安全须知、地方的法律法规、基本的安全规定来进行。定期组织班组安全、消防活动，每周检查班组安全、消防上岗记录。

2）施工前均应由施工负责人进行书面安全交底，并有双方签字确认后方可进行施工作业。遇有重大危险部位还必须到现场交底，所有参加施工的作业人员必须经安全技术操作培训合格后，方可进入现场进行施工，特殊工种必须持有操作证上岗作业，严禁无证上岗作业。

3）参加总承包项目部组织的安全检查，发现隐患督促有关人员及时整改，负责处理违章违纪的有关单位、人员。参与安全设施、施工用电、施工机械的验收。消除隐患，保障项目施工安全。认真检查施工中安全、消防措施的落实，提出各项安全消防隐患和问题。

4）节假日前后进行特定情况下的安全教育。放假前，施工班组应对电动机械设备与工具等进行检查并保管好，切断电源，防止意外。节后上班第一天，班组要先进行安全教育，并对所有机电设备、登高设施、电源等进行检查，项目经理、安全员必须进行安全巡视，确认无异常情况后，方可施工。

5）施工作业区域要有专职安全员监控。所有施工人员进入施工现场必须戴好安全帽，并扣好帽带。2m以上高空进入现场作业必须系好安全带，登高作业扣好安全扣。在"四口五临边"（阳台口、扶梯口、井架口和预留洞口，建筑结构临边、屋檐临边、楼层临边、阳台临边、井道临边）上面或附近施工作业时，应采取可靠安全保护措施，无安全可靠的保护措施，一律不准施工。

6）在地下室施工，所有机电设备均须采取防水防潮和防触电措施，线路须架空，设备应垫高，临时抽水设施确保完好有效。

7）现场设置的危险品仓库，应有明显的禁火标志。各种气瓶、油漆等应分间储存，室内通风应良好。在使用挥发性易燃物质（如汽油、香蕉水、酒精等）的工作地点不得有火种；油漆工使用的油漆、香蕉水、松香水、酒精等易燃物品用毕后必须存放在危险品库内。

8）各类消防器材设置的部位，应做到布置合理，数量能扑灭初起之火即可。各类消防器材的购置、领用手续，由项目经理和上级主管部门商定。项目部应指定专人定期检查、更换药剂，保证使用有效。

（5）安全检查要有重点，有针对性，发现隐患，坚决采取整改措施，对查出的隐患要做到"三定"（定人、定事、定时间），及时消除；对重大隐患要进行复查。及时向项目经理报告施工现场安全、消防工作情况和施工中应注意事项。对施工现场发生的重大隐患在无法及时整改时，必须会同项目经理落实专职人员监控，直至整改完毕。

（6）发生伤亡、火灾等事故现场，抢救伤员，速向上级报告，视情况向有关部门报告，服从政府及上级有关部门指挥，提供现场各种证据，协调调查人员搞好事故调查、分析，提出预防事故的整改意见，协同有关部门落实"三不放过"工作，防止事故重复发生。事故处理结案后负责把全部资料汇总、上报、存档。

5. 合同管理

（1）项目部根据工程实际情况，提出工程分包申请，经签订分包合同后、对分承包方实施施工过程管理和实绩评定；项目经理和施工员在施工过程中对分包方就合同规定对进度、质量、文明施工、标准化工地等进行跟踪控制。

（2）工程项目部根据分包合同的要求，负责合同的具体实施，项目经理对合同条款的全部内容必须充分理解，严格执行，并组织项目部全体管理人员学习合同，了解合同要求，确保合同履行。对分包方的施工进度、质量、安全、文明施工等实施管理。分包方如不能按合同规定履约时，项目部应责成分包方及时调整，以满足分包合同规定的要求。

（3）在合同履约的过程中，若合同履约条件出现重大变化，原合同不能继续履约时，项目部应根据其重要程度及时进行合同变更，按合同条款规定修改原合同或补签、补充合同。

（4）项目部及时与业主沟通，保证按合同规定，对工程项目进行质量回访和保修服务。合同期内对从质量回访得到的质量信息，应逐条分析处理，凡属承包方原因造成的缺陷，均应负责保修，对严重影响生产（使用）的质量缺陷，应立即组织抢修，使业主满意。凡属非承包方原因（如设计、使用等）造成的质量缺陷，应向业主说明情况，分清责任，不属保修范围。如业主有要求，项目部应协助解决，为业主排忧解难，但需收取工程费用。保修完工后，由项目部自检合格后交付业主验收，并在《工程质量保修服务单》签署意见及盖章。

2.3 机电安装工程质量管理

2.3.1 机电工程项目施工质量管理的策划

1. 策划的主要依据

招标文件、施工合同、施工标准规范、法规、施工图纸、设备说明书、现场环境及气候条件、以往的经验和教训等。

2. 策划的方法

策划的方法有：按施工阶段进行策划、按质量影响因素进行策划和按工程施工层次进行策划等三种。一般整体工程的质量控制策划应按施工阶段来进行，关键过程、特殊过程或对技术质量要求较高的过程，可按质量影响因素进行详细策划，也可以将三种方法结合起来进行。

2.3.2 影响机电工程施工质量的主要因素和预控方法

1. 影响机电工程施工质量的主要因素和预控内容

（1）对项目施工的决策者、管理者、操作者预控的主要内容：编制施工人员需求计划，明确技能及资质要求；控制关键、特殊岗位人员的资格认可和持证上岗；制定检查制度。

（2）施工机具设备预控的主要内容：编制机具计划；进场验收、监督、保养和维修；验证检测仪器、器具的精度要求和检定或校准状态；建立管理台账、制定操作规程、监督使用。

（3）工程设备和材料预控的主要内容：材料计划的准确性；供应商的营业执照、生产许可证等资质文件和厂家现场考察；设备监造；进场检验；搬运、储存、防护、保管、标识及可追溯性；对不合格材料、不适用设备的处置。

（4）施工工艺方法预控的主要内容：施工组织设计，施工方案，作业指导书，检验试验计划和方法，质量控制点的编制、审批、更改、修订和实施监督；施工顺序和工艺流程，工艺参数和工艺设备；施工过程的标识及可追溯性。

（5）工程技术环境、作业环境、管理环境、周边环境的预控主要包括：针对风、雨、温度、湿度、粉尘、亮度、地质条件等，合理安排现场布置和施工时间，加强质量宣传。

2. 机电工程施工质量预控的方法

（1）施工前，项目部对工程项目的施工质量特性进行综合分析，找出影响质量的关键因素，从而制定有效的预防措施加以实施，防止质量问题的产生。

（2）施工中，通过对过程质量数据的监测，利用数据分析技术找出质量发展趋势，提前采取补救措施并加以引导，使工程质量始终处于有效控制之中。

（3）通过对影响施工质量的因素特性分析，编制质量预控方案（或质量控制图）及质量控制措施，并在施工过程中加以实施。

2.3.3 机电工程施工质量检验

1. 机电工程施工质量"三检制"

这是三级检查制度简称，一般情况下，原材料、半成品、成品的检验以专职检验人员为主，生产过程的各项作业的检验则以施工现场操作人员的自检、互检为主，专职检验人员巡回抽检为辅。

（1）自检是指由施工人员对自己的施工作业或已完成的分项工程进行自我检验、把关，及时消除异常因素，防止不合格品进入下道作业。自检记录由施工现场负责人填写并保存。

（2）互检是指同组施工人员之间对所完成的作业或分项工程互相检查，或是本组质检员的抽检，或是下道作业对上道作业的交接检验，是对自检的复核和确认。

（3）专检是指质量检验员对分部、分项工程进行检验，用以弥补自检、互检的不足。"专检"记录由各相关质量检查人员负责填写，每周日汇总保存。

2. 机电工程施工质量检验的要求

（1）机电工程采用的设备、材料和半成品应按各专业施工质量验收规范的规定进行检验。检验应当有书面记录和专人签字；未经检验或者检验不合格的，不得使用。

（2）机电工程各专业工程应根据相关施工规范的要求，执行施工质量检验制度，严格工序管理，按工序进行质量检验和最终检验试验。相关专业之间应进行施工工序交接检验。

（3）作好隐蔽工程的质量检查和记录，并在隐蔽工程隐蔽前通知建设单位和监理单位。

（4）施工质量检验的方法、数量、检验结果记录，应符合专业施工质量验收规范的规定。

2.3.4 机电工程项目施工质量问题与质量事故的分析与处理

1. 机电工程项目施工质量统计分析常用的方法

（1）统计调查法及其应用

（2）分层法及其应用

（3）排列图法及其应用

（4）因果分析图法及其应用

2. 引发施工质量问题及质量事故的常见原因

（1）违背施工程序：不按施工程序办事，无施工图施工，不经竣工验收就交付使用等。

（2）违反法规行为：超低价中标；非法分包、转包、挂靠；擅自修改设计等行为。

（3）管理与施工不到位：不按图施工或未经设计单位同意擅自修改设计。

（4）使用不合格的材料及设备：材料及制品不合格；机电设备不合格。

（5）自然环境因素：焊接时下大雨并且风大。

3. 施工质量问题与质量事故的界定与处置

（1）对于直接经济损失在规定数额以下，不影响使用功能和工程结构安全，没有造成永久性质量缺陷，视为质量问题，可由相关的专业技术人员、质检员和有经验的技术工人和操作者共同分析，确定出现问题的原因，采取措施，及时纠正。

（2）工程施工质量不符合标准的规定而引发或造成规定数额以上经济损失、工期延误或造成设备人身安全，影响使用功能的即构成质量事故。一般由项目技术负责人组织相关专业技术人员、质检员和有经验的技术工人进行现场调查，收集与分析相关资料。发生重大质量事故由建设单位组织设计、施工、监理等单位进行调查事故原因，组织专家进行技术鉴定；提出工程处理和采取措施的建议；对责任单位和责任者的处理建议；提交事故调查报告。

4. 施工质量问题和质量事故的处理方式

（1）修补处理：某个检验批、分项或分部工程的质量未达到规范、标准或设计要求，存在一定缺陷，通过修补或更换器具、设备后可达到要求，且不影响使用功能和外观要求。

（2）返工处理：工程质量未达到规范、标准或设计要求，存在严重质量问题，对使用和安全构成重大影响，且无法通过修补处理的，必须进行返工处理。

（3）不做处理：某些工程质量问题虽不符合规定的要求，但经过分析、论证、法定检测单位鉴定和设计等有关部门认可其对工程使用或结构安全影响不大的；经后续工序可以弥补的；经法定检测单位鉴定合格的；经检测鉴定达不到设计要求，但经原设计单位核算，仍能满足结构安全和使用功能的，可不做专门处理。

（4）降级处理（限制使用）：工程质量缺陷按返修方法处理后，无法保证达到规定的使用要求和安全要求，又无法返工处理，可降级处理。

（5）报废处理：当采取上述办法后，仍不能满足规定的要求或标准，则必须报废处理。

2.3.5 某制药厂技术改造洁净厂房安装工程质量管理案例

2.3.5.1 工程概况

1. 工程内容、管理目标及现场条件

（1）该工程属于厂房生产线 GMP 改造项目，工程内容包括给水排水系统、电气系统、火灾自动报警系统、洁净空调系统安装工程。施工总工期 60 日历天（2010/8/1 至 9/30）。

（2）质量目标是符合设计图纸及国家相关规范要求，质量验收一次性合格。职业健康安全管理目标是杜绝重伤和死亡事故，年工伤事故频率控制在 3‰以下。文明施工管理目标是杜绝各种扰民事件发生，塑造企业文明施工典范，维护业主方形象。环保目标是不发生重大环境污染事件，噪声、粉尘、污水有毒有害气体的排放符合规定要求。

（3）工程周边市政道路畅通，现场交通情况良好，满足运输要求。施工所需的水源、电源由业主单位提供接驳点。

2. 工程特点

（1）工程为洁净厂房工程。洁净度要求最大达 A 级。

（2）工程还有建筑装修专业、工艺设备及管道安装等施工单位同场施工，专业队伍多、工程接口多，交叉作业多。

（3）工程高空作业较多。安装在层间的为组合空调风柜，体积大、重量重，吊装有一定危险。同时在彩钢板吊顶安装完成后，还存在安装高效过滤风口静压箱等工序需在彩钢板上方进行，存在高空坠落危险。

2.3.5.2 质量管理要点

1. 准备阶段

（1）看清图纸

1）机电安装公司在签订施工合同后，详细查看图纸，与业主沟通，了解业主的建设意图，详细地弄清建筑物内各个区域的用途和使用特点，对于某些不合理的设计要主动与业主沟通修改。例如防火分区墙两侧的防火阀，设计往往只是单侧设置防火阀；空调供回水干管长度超过25m时未设置伸缩装置等。

2）审核各设计图相互之间是否矛盾，同时查阅土建、电气、消防、给水排水、智能化等相关专业的设计，发现设计各专业由于沟通不足，造成局部各类专业管线叠加，无法施工，则应在图纸会审前查清楚，在图纸会审时解决此类问题。

3）重要设备选定之前应进行充分调查研究，特别应注意走访已投入运行的同类用户，使设备满足符合性、可靠性和经济性。避免设备过大化。对于明显过大的设备应及时向业主、监理提出，并与专业设计师协商修改。

4）查看与土建、水电、消防、智能化等有关专业的配合情况，有些空调系统设有电动调节阀，而智能化专业又无空调自动控制系统，这种矛盾问题需要仔细查看，避免错、漏、碰、缺，保证施工图纸的可操作性，避免出现施工矛盾，影响工期。

（2）样板引路

施工单位编制工程样板创优实施方案——经监理单位审核——施工单位确定具有代表性的样板间（工序、分项、分部、段）位置——监理单位检查施工单位对工人进行安全技术交底情况——监理单位对进场材料进行验收——施工单位进行样板间（工序、分项、分部、段）施工——监理单位组织施工单位及相关专业人员检查评定，进行样板间（段、工序）验收——填写《工程样板验收表》——专业负责人及质安员组织每一个参与作业的班组人员观看样板，根据作业指导书作技术交底——施工单位以验收合格的样板间（段、工序）为标准全面展开施工隐蔽工程验收。

（3）人力资源管理

选派优秀的管理人员和施工工人，优先分配劳动力于关键路线的工程项目施工，对照施工进度，做好劳动力的动态管理。对本公司职工进行继续教育，对外来工进行必要的岗位技能、技术要领、安全生产、环境保护基本知识、防火、治安管理知识培训和学习。

（4）主要材料设备采购、供应

同等条件下选择价低者为供方，并将其样板，技术参数资料送监理单位审批。定板后，将供方样板封存在材料设备样板房中备查。材料、设备到货后，组织进货检验（含设备开箱检验），材料员对一般进货物料进行检验或验证并签认。大宗或重要的材料或设备必须由项目经理审核签字。

1）验证内容为：发货单、装箱单、名称、型号、规格、数量、出厂合格证、保质期、质量证明及外观检查等。

2）对有抽样检验或试验要求的材料，产品检验组应抽样委托材料设备分公司进行检验或试验并出具报告书。

3）设备和主材检验时，应按监理或业主的要求，通知监理、业主及有关方一起验收设备，填写"设备开箱检查记录"。

4）检验或验证合格，材料员在相应验收记录签字或盖章确认，予以接收。并将合格品交仓库保管。不合格品按规定统一处理。不合格物料不能进仓或进入工程安装。

（5）编制施工技术方案，进行技术交底

1）项目部技术负责人在图纸会审后组织专业施工员进行一次全面的技术交底。

2）专业施工员编写施工方案（作业指导书），包括：电气系统、给排水系统、洁净空调系统、火灾自动报警系统、工程整体调试和整体验收方案，写明施工过程、施工方法、控制点、检验方法、技术和质量要求等，报项目技术负责人审批，并向生产班组交底。

（6）编制产品防护技术措施

1）电气安装工程：

①配电箱、柜、插接式母线槽和电缆桥架等有烤漆或喷塑面层的电气设备安装应在土建抹灰工程完成之后进行，其安装完成后采取塑料膜包裹或彩条布覆盖保护措施，防止受到污染。

②电缆敷设应在土建吊顶、精装修工程开始前进行，防止电缆施工对吊顶、装饰面层的破坏。

③灯具、开关、插座等器具应在土建吊顶、油漆、粉刷工程完成后进行，可防止因吊顶、油漆、粉刷工程施工受到损坏和污染。

④对于变配电设备、仪器仪表、成盘电缆等重要物资在进场后交工验收前应设专人看护防止丢失和损坏。

⑤电气安装施工时，严禁对土建结构造成破坏，对粗装修面上的变动应先征得土建技术人员的同意，在精装修已完成电气安装施工必须采取有效措施防止地面、墙面、吊顶、门窗等可能受到的损坏和污染。

⑥配电柜安装好后，应将门窗关好、锁好，以防止设备损坏及丢失。

2）通风空调工程

①安装完的风管要保证风管表面光滑洁净，室外风管应有防雨措施。

②暂停施工的系统风管，应将风管开口处封闭，防止杂物进入。

③风管伸入结构风道时，其末端应安装上钢板网，以防止系统运行时杂物进入金属风管内。金属风管与结构风道缝隙应封堵严密。

④交叉作业较多的场地，严禁已安装完的风管作为支、托架，不允许将其他支吊架焊在或挂在风管法兰和风管支、吊架上。

⑤镀锌铁丝、玻璃丝布、保温钉及保温胶等材料应放在库房内保管。保温用料应合理使用，尽量节约用材，收工时未用尽的材料应及时带回保管或堆放在不影响施工的地方，防止丢失和损坏。

3）管道工程

①安装好的管道以及支托架卡架不得作为其他用途的受力点。

②洁具在安装和搬运时要防止磕碰，装稳后，洁具排水口应用防护用品堵好，镀铬零件用纸包好，以免堵塞或损坏。

③对刚安装好的面盆、浴盆及台面不准摆放工具及其他物品，地漏完工后应用板盖好，以防堵塞，严禁大小便，完工后的卫生间不经允许任何人不得入内。

④管道安装完成后，应将所有管路封闭严密，防止杂物进入，造成管道堵塞。各部位的仪表等均应加强管理，防止丢失和损坏。

报警阀配件、消火栓箱内附件、各部位的仪表等均应重点保管，防止丢失和损坏。

⑤管道预制加工、防腐、安装、试压等工序应紧密衔接，如施工有间断，应及时将敞开的管口封闭，以免进入杂物堵塞管子。管道试压、吹扫时，与设备、仪表接口必须断开，以防异物进入设备、仪表体内。

⑥安装用的管洞修补工作，必须在面层粉饰之前全部完成。粉饰工作结束后，墙、地面建筑成品不得碰坏。

⑦施焊或油漆作业时，做好围蔽工作，防止飞溅物溅落到完成面上或设备上。

⑧管道试压要安排好系统放水的排放点。

⑨冷凝排水管道在施工后与交付前，要封闭地漏口，以防止土建污水进入排水管造成堵塞。

4）保温工程

①在风管、冷凝水管施工时要严格遵循产品的施工原则，以确保施工完的保温层不被损坏。

②操作人员在施工中不得脚踏挤压或将工具放在已施工好的绝热层上。

拆移脚手架时不得碰坏保温层，由于脚手架或其他因素影响当时不能施工的地方应及时补好，不得遗漏。

③当与其他工种交叉作业时要注意并提醒其他专业施工人员共同保护好成品，已装好门窗的场所下班后应关窗锁门。

5）调试

①机房的门、窗必须严密，应设专人值班，非工作人员严禁入内，工作需要进入时，应由保卫部门发放通行工作证方可进入。

②设备动力的开动、关闭，应配合电工操作，坚守工作岗位。

（7）确定施工过程主要质量控制点

例如：通风空调系统的风管半成品投料、装配组合，风口安装、阀部件安装、柔性管道连接、风机基础验收、风机检测、风机安装、空调末端设备安装等。

管路系统：管道焊接、管道冲洗、阀门安装、高压及合金钢管道焊接工艺评定、焊接工艺说明书、管道焊接后的检验、管道系统试压及吹扫（冲洗）、吊顶前的检查等。

（8）建立质量保证制度

1）质量责任制度：对质量管理机构各岗位制定各自的职责，做到分工明确，责任明确。各岗位人员必须全力以赴做好自己职责范围内的工作，担负起自己的工作责任。做到各司其职，各尽其责，从而使质量管理落实到施工中的每一方面，保证质量目标的实现。

2）质量责任追查制度：制定质量责任追查制度，对施工中出现质量问题的，必须进行逐层调查，查清源头，进行治理整顿，并对问题进行总结，在全体施工人员中进行教育，务必使全体施工人员时刻将保证质量放在工作第一位。

3）实时监督检查制度：必须将质量监督检查贯穿于施工全过程，时刻不可松懈大意。施工员实行旁站监督，无特殊原因不得擅自离开施工现场，以保证对施工质量的实时监督检查。质量安全员必须在现场进行巡查，发现问题立即采取措施解决，将质量隐患消除于施工过程中。

专业施工员、质量安全员定期进行巡查，检查各项质量管理制度、施工方案、技术交底在施工中的落实情况，对不按方案、技术交底进行施工的，必须立即制止，要求班组按照方案、技术交底进行施工，必要时可要求返工，并追究责任人责任。

项目部每周进行一次巡场检查，检查各项质量保证措施的落实情况，发现问题立即采取措施，保证各项措施的落实情况。

企业质量、安全部门每月进行一次巡查，时间不定，检查各项措施落实情况。发现问题立即通报项目部，采取措施。同时记录在案，对屡次违反制度、管理措施的，追究责任人责任，必要时做降职、停止评先等处理，对屡教不改的施工班组，作清场处理，同时组织后备班组进场施工。

4）技术交底制度：技术交底的目的是使施工管理和作业人员了解掌握施工方案、工艺要求、工程内容、技术标准、施工程序、质量标准、工期要求、安全措施等，做到每个人心中有数，施工有据。具体制度如下：

①本工程实施三级技术交底制度：第一级交底，由企业负责人、技术部对项目部技术负责人进行交底；第二级交底，由项目技术负责人对专业施工员、质量安全员进行技术交底；第三级交底，专业施工员对施工班组进行技术交底。

②项目技术负责人组织专业施工员、质量安全员以质量目标、国家、地方、行业规范、标准、规程为依据，结合各专业技术特点，制定符合各种规范标准、规程的、针对本工程的作业指导书，技术交底文件。对采取了新技术、新材料、新工艺的，还必须编写专项培训材料，对专业施工员和施工班组进行培训考核。

③企业技术负责人负责组织技术部对项目部提交的专项作业施工方案、作业指导书、技术交底资料进行审核，提出修改意见，督促项目部对各项方案、指导书和交底资料进行完善。同时对项目部技术负责人、专业施工员、质量安全员进行技术交底。

④项目技术负责人、专业施工员负责本工程机电专业各系统的综合平衡管线深化设计，在设计图纸经建设单位、监理单位、设计单位审批后，将图纸的设计思路、施工中应采取的措施等对各专业工种作技术交底保证施工质量。

⑤技术交底必须详细、严密，反复讲解，务必使每个施工人员都能透彻理解，得以在工程中自觉实施。同时在施工中要反复细致地进行讲解，不断总结，以达到工艺技术的不断提高。

⑥技术交底保持详细记录。

5）工程任务单制度：

①由主管施工员开具任务单给作业班组，书面明确当天生产任务和完成任务的时间、应达到的质量标准。

②凡需耗用材料的生产任务，在开具工程任务单的同时，开具限额领料单，以控制材料的领用数量，现场材料管理员审核批准后由仓管员依据限额领料单发放材料给作业班组。

③作业班组按任务单的要求完成任务后，必须进行自检，并报告施工员检查任务完成是否满足要求，质检员检查其质量是否符合规定，材料员检查材料耗用是否超过定额要求，并交下道工序作业班组验收。

6）工程中间检测、验收制度：

①隐蔽工程实行三级验收制度：第一级，班组自检；第二级，各专业施工员、质量安全员检验；第三级，项目技术负责人检验。三级验收合格后方可报监理工程师检验。

②严格按设计文件和有关规范、标准要求进行验收、检测，未经验收、检测合格的工序不得放行。

③经验收、检测合格的工序记录标识"合格"。

④经验收、检测不合格的工序，在工序发生地挂牌标识"不合格"，并采取返工或返修措施，直至验收合格才能进入下道工序。

7）违反施工规程，发生质量事故报告制度：

①施工管理人员按有关施工规范、设计及工艺要求指导施工人员进行施工，不得违规指挥。操作人员必须按有关规范、规程要求进行作业，不得野蛮施工。

②施工管理人员发现操作人员违反施工规范要求，必须立即予以制止，并督促操作人员立即纠正。对于因违反施工规程、发生质量事故的，视情况轻重、损失大小，及时逐级上报项目技术负责人和项目经理、监理及业主，并以书面形式记录报告过程。

③质检员有义务及权利制止任何违反施工规程可能发生质量事故的施工。

④施工班长、工人有义务和权利拒绝任何违反操作规程的指挥，并上报项目部，寻求帮助解决。

8）定期进行质量改进工作总结制度：

①每月对本工程的施工质量进行一次全面测量及评估，运用统计技术对质量情况进行科学的统计分析，找出主要矛盾。

②找出主要质量问题及经常出现的质量通病后，由有关部门认真分析研究，找出解决质量通病的办法，采取纠正和预防措施。

9）三级检查制度：

①质量检验顺序。各专业安装工程的质量检验是自下而上按施工程序、分阶段进行。其流程如下：先由各专业工程主管操作人员（班组长）组织自检、互检（第三级）→质量安全员及专业技术负责人（施工员）检验（第二级）→项目技术负责人检定（第一级）。重要部位及关键工序的检验，除质量安全员及各专业技术负责人参与外，还由企业技术负责人组织技术部共同检定，最后会同甲方、监理等进行验收。

②执行标准。各专业施工必须按国家标准《安装工程施工及验收规范》进行施工和验收；为确保施工质量，全面执行《ISO9001 质量体系》。

10）教育、培训、考核制度：

①建立教育、培训、考核制度的目的

现场建立教育、培训、考核制度。建立教育、培训、考核制度的目的在于将本工程的质量目标、质量计划等通过教育形式，深深植入每个施工人员的思想中，保证全体施工人员高度思想统一，共同努力完成本工程质量目标。同时使用培训、考核手段，不断提高施工工人的技术水平，为本工程质量目标实现打下坚实的技术基础。

②教育、培训、考核的内容

对本工程质量目标、质量计划对进场施工人员进行宣读，务必使每个人都认知和认同质量目标和计划，并深深植入脑海，每时每刻都保持质量第一的思想。

对各专项施工方案、作业指导书、技术交底也是培训的内容之一，同时对技术工人要进行技术培训，尤其是新技术、新工艺、新材料的技术培训，并对工人进行考核。

③教育、培训、考核的形式

教育分进场教育和施工中教育。施工班组进场前，项目部组织全体施工人员进行进场教育，按教育内容对全体施工人员进行质量思想灌输。在施工中，也需经常利用施工间隙进行教育，必须把教育贯穿于施工全过程，使全体施工人员在施工全过程保持质量意识。

技术工人技能培训在进场前就必须完成，并以取得证书。我们在本工程中选用的技术工人均为具备娴熟的技能和大型消防安装工程经验的工人，并都持有相关证书。对新技术、新工艺、新材料在施工开始前，有项目技术负责人组织专业工程师、质量安全员编写教材，对技术工人进行培训和考核，合格后才进行施工。

考核在施工间隙不定期进行。考核的目的在于不断提高工人的技能，同时在施工过程中保持良好的状态。

总之，在施工过程中，必须坚持教育、培训和考核制度，真正做到施工中人人心中有标准、有准则，以确保施工质量达到预定的目标。

11）持证上岗制度：

技术工人必须经过考核，持上岗证，特殊工种工人要有许可证、机械操作员要有操作证，所有工人必须持证上岗。

12）工序挂牌施工制度：

工序样板验收进行在各工序全面开始之前，配属队伍技术和质量员必须根据规范规定、评定标准、工艺要求等将项目质量控制标准写在牌子上，并注明施工负责人、班组、日期。牌子要挂在施工醒目部位，以利于每一名操作工人掌握和理解所施工项目的标准，也便于管理者的监督检查。

13）成立相应 QC 小组制度：

为了提高施工质量，推行全面质量管理，本工程施工过程中根据施工进度，分阶段成立至少一个 QC 小组，QC 小组立项应选自的"四新"技术。QC 小组由项目经理、技术负责人、质量员、施工员、班组长组成，按"PDCA 的四个阶段，八个步骤"开展活动，针对每次 QC 活动的分部工程，在每次 PDCA 循环对人、材料、机械设备、工艺方法、环境五个方面进行分析、总结，稳定和提高。

14）加强成品保护制度：

指定专人负责。严格执行《搬运、贮存、包装、防护和交付控制程序》采取"护、包、盖、封"的保护措施，并合理安排施工顺序，防止后道工序损坏或污染前道工序

15）质量管理奖惩制度：

制定质量管理奖惩制度，定期对施工班组施工质量情况进行检查、评比。对切实落实执行各项质量措施、完成质量任务的优秀个人、班组进行奖励。对不遵守各项质量规章制度、出现质量问题的个人、班组进行教育、处罚，屡教不改的清除出场。并将评比结果通过墙报、企业内部刊物通报。

2. 施工阶段

1）严格按照施工组织方案组织施工，保证资源供应，各分项工程施工须满足设计及其选用的规范、技术标准、图集等的要求。

2）对进场工程材料设备应严格检验，检查合格并履行报批手续后方可使用：

①对进场的管道材料，必须检查它的出厂合格证，管材和配件的管壁内外应厚薄均匀，内外壁光滑，色泽均匀。

②进场的阀门必须有出厂合格证，规格、型号、材质符合设计要求，并按规范要求做压力试验和气密性试验。

③对进场的设备，如制冷设备、空调设备、水泵设备，应主动联系业主，由其组织相关单位共同验收。

④对检验不合格的材料设备及时提请公司采购部门进行更换。

3）做好各专业管线综合布置。现在的办公大楼机电设备种类繁多，包括空调水、风管道，给水排水管道，消防管道，强弱电系统电缆、线槽等，在建筑物（尤其走廊内）通风空调风管极易与其他专业管线相互交叉和冲突。空调安装方应主动会同各相关人员，对建筑物内管线进行合理统筹安排，尽量采用综合支架，巧妙利用空间，做到布局合理、整齐美观，不影响吊顶标高，确保装修效果。

4）在日常施工过程中加强现场巡视，确保一线施工人员按图施工，工程质量符合现行的施工安装规范。对于容易出现施工通病的工序须加强技术交底及检查。

5）质量控制要点要以设计图纸和施工质量验收规范为基准，把握每个分项施工工序并形成相应的质量记录；隐蔽工程按要求在隐蔽前报请现场监理人员检验，检验合格并签证后，方可进行隐蔽并进入下一工序。

（1）空调机房设备安装

空调机房设备主要有冷水机组和水泵等。

冷水机组运至施工现场后，必须严格按照设计资料再次核对空调机组技术参数是否完全相符，并对设备的外观进行检查，确认设备在运输过程中未受到损坏。其次，在冷水机组就位安装吊装时，绝不能将绳、铁索等固定在设备预留接管上作为受力支点进行吊装，否则，将对机组造成损坏而影响日后设备运行。在施工过程中，保证设备预留口的封堵不被破坏，以免施工时的焊渣、铁屑等杂物进入设备或管道系统，即使水系统管道已经安装完毕，但未进行清洗的情况下，也不能将管道和设备进行连接，避免水管中的残留物进入机组。

水泵安装要注意：一是泵体的减振措施，除按设计要求安装减振设施（如减振垫、减振弹簧等）后应进行调平，尽量保证每个减振支点所承受的载荷都是一样的；二是水泵进、出口的水排放措施；三是阀门和止回阀的选用，要绝对保证质量。

（2）冷冻水管道系统

冷冻水管一般大管采用焊接工艺，小管多用丝接方式，因此，在施工过程应尽量避免焊渣、生料带及铁屑等杂物积淀于管道内。因而，管道敷设安装完毕后，在和设备未进行连接之前，要进行数次的冲洗，将管内杂物清除，否则，杂物会被带到风机盘管，进入铜管，造成堵塞，直接影响制冷效果，或对设备造成损坏。

（3）风机盘管的安装

冷冻水管和风机盘管连接必须要用软接头，而冷凝水管与盘机连接的软管材质宜用透明胶管，这样有利于灌水检查冷凝水系统时是否有出现倒坡存水的问题。在调试、投入运行之前，对每一个风机盘管必须做进一步的检查。清除垃圾，防止冷凝水管堵塞。

（4）水系统调试运行

在水系统进行了完善的压力试验和冲洗，并完成和设备连接以及保温后，条件具备时可进行调试。首先，将连接风机盘管的冷冻水供、回水管阀门关闭，打开最不利点供、回水连接阀门，让冷冻水通过最不利点直接循环；另外，虽然在每一楼层都有自动排气阀，但为了使风机盘管系统尽快正常运行，在打开风机盘管冷冻水供、回水阀门的同时，有必要对每台风机盘管进行手动排气。并且在一定时间内，对冷凝水滴水盘进行检查，以防止有堵塞，冷凝水溢出而破坏天花板，必要时能够及时采取措施。

（5）坚持"五不施工"、"三不交接"及工序"三级检"。

"五不施工"即：未进行技术交底不施工；图纸和技术要求不清楚不施工；测量标桩和资料未经核签不施工；材料无合格证和试验不合格者不施工；工程不经检查不施工。

"三不交接"即：无自检记录不交接；未经专业人员验收合格不交接；施工记录不全不交接。

工序"三检"即：自检、复检、终检。上道工序不合格，不准进入下道工序，确保各道工序的工程质量。

3. 装饰工程阶段

（1）装饰设计施工过程中，业主对装饰要求往往构思多变，要求也很高，装饰公司也常常为达到装饰效果而改变通风空调的原设计。这种改变通常会破坏了原设计的合理性，影响到空调系统的使用功能，严重的可能违反有关设计施工规范而给使用安全埋下隐患。如果装饰设计改变了房间用途、布局，空调系统的气流组织因装饰设计而受到阻挡时，空调施工方应连同业主、专业设计师及监理工程师等现场协调，确定变更内容及明确相应的解决方法，并由同专业设计师出具相应的设计变更文件再进行施工。

（2）在装饰施工时因多工种同时施工、交叉作业，管道保温层经常会出现破损，施工时应加强巡查，特别是巡查管道支架、管道穿墙、楼板处等易被忽视的地方。做到保温层连续无遗漏，保温层牢固不开裂，以防产生冷凝水滴漏影响装饰质量。

（3）各专业工程质量保证措施见表2-1。

各专业工程质量保证措施 表2-1

序号	专业工程	质量保证措施
1	通风空调专业	安装后的吊杆、螺栓要牢固、可靠，吊装设备、支架的螺栓要采取一定的防松措施；支、吊架要进行防腐、防锈。 大型设备、部件的拖运、吊装与就位安装，必须编制详尽的施工方案指导施工。大型设备运输线路应与土建结构荷载核实后再行搬运。 设备应带包装进场，以防止设备在运输过程中遭到损坏。开箱后的设备或零部件应搬到室内或采取防雨措施，对各类设备或零部件的工作面、啮合面、密封面等要采取防锈、防碰措施。 风机、风阀、空调多联机组等设备，应参考厂家的说明、通用图及设计图纸相关要求和说明进行安装。安装前，应检查基础表面预埋钢板的位置是否符合设计要求，安装前请监理进行基础验收。 和机组（水泵）相连的风管（水管）应有独立的支、吊架，不得将重量加于设备本体上。 所有与设备连接的软接头等，均应就近采用固定支架紧固，防止产生移位。必须按照设计和规范要求采取消声隔振及防火措施。 消声器消声弯头应单独设置支、吊架，不能使风管承受消声器或消声弯头的重量，且有利于单独检查、拆卸、维修和更换。 风（水）管穿墙、房间采用设计要求的填料填塞。所有的封堵墙等设备安装完毕后再砌。

序 号	专业工程	质量保证措施
1	通风空调专业	风管、空调水管在保温前的检查：应检查风管、水管的密封性能、连接的可靠性、坡度是否满足要求（特别是冷凝水管路），阀门安装的方向性等项目；管路连接可靠，试压合格后方可进行保温、隐蔽。 防火阀安装时，保证防火阀留有足够的空间，以便操作、维护、检查。在阀体附近管道上应设检查口，其大小位置应适合防火阀的调试、操作和维修。安装在装修吊顶内时，要与装修专业配合，预留活动吊顶。 风口安装要密切配合装修工程，与装饰面相紧贴，既保证通风空调专业的技术要求，又要做到外形的整齐一致。 为保证在末端消声器之后的风管系统不再出现过高的气流噪声，在风管分支管处的三通或四通可采用分叉式或分隔式；弯管可采用内弧形或内斜线矩形弯管。当带圆弧线一侧的边长大于或等于500mm时，应设置导流片。 为避免噪声和振动沿着管道向围护结构传递，各种传动设备的进出口管均应设柔性连接管，风管的支架、吊架及风道穿过围护结构处，均应有弹性材料垫层，在风管穿过围护结构处，其孔洞四周的缝隙应用纤维填充密实。 消声器内的穿孔板孔径和穿孔率应符合设计要求，穿孔板经钻孔或冲孔后应将孔口的毛刺锉平，因为如果有毛刺，当孔板用作松散吸声材料的罩面时，容易将罩面的织布幕划破；当用作其振腔时会产生噪声。 对于送至现场的消音设备应严格检查，不合格产品严禁安装，在安装时，要严格注意其方向。 严格执行风管和管配件的制作工艺，确保制作质量，风管连接安装时做好防漏风、漏光的措施，以达到国标检测标准的最新要求。 风管保温要特别做好，保温层外表有一层严密不透气的隔气层，以杜绝保温不善而引起的结露现象。
2	给水排水专业、消防水专业	1. 管道安装质量保证措施 各类管件、阀门及附件等在安装前应参照相应标准要求检查、检验；管材、阀门及附件的规格、型号、质量符合验收要求后方可使用。管子在下料、组对前将管内外浮锈、杂物清理干净，当安装暂时中断时，其敞开口应及时封堵。钢管（除镀锌外）在安装前应涂刷防锈漆，安装完毕试压结束后按设计要求进行防腐处理，镀锌钢管与法兰的焊接处应二次镀锌。 镀锌钢管丝接后，丝扣露出的部分应做防腐处理。丝扣配件在安装时应向旋紧的方向一次旋紧，不得倒回。 无缝钢管的坡口可用气割或机械加工，气割加工的坡口必须除去氧化皮与毛刺。 相同壁厚的管组对时，其内壁应平齐，内壁错边不应超过厚壁的20%且不大于2mm。同时不得用强力对正，以免引起附加应力。 排水管道布置走向和位置应符合设计要求，水平管的坡度不小于规范规定的最小坡度，不得有倒坡现象。 埋地及暗装的管道应及时做好试压、灌水、通球等检验工作，并及时办理隐蔽工程验收手续。 管道安装要做好防堵措施，管道毛坯施工时，应采取"上堵下开"的工艺，加工各类系统管道的（毛坯）临时堵头进行封堵，防止建筑灰砂与杂物进入管道，造成堵塞。 管道安装施工完毕后，按系统进行完整性检查。检查合格后才能进行系统压力试验和冲洗、清扫。系统压力试验和冲洗、清扫必须符合施工规范和设计要求，同时应编制相应的施工方案，便于进行系统压力试验、清洗和配合调试。 管道的保温要求铺设平整、绑扎紧密，无滑动、松弛、断裂等现象。 给水塑料管采用金属管道支架时，应在管道与支架间加非金属垫或套管。

序 号	专业工程	质量保证措施
2	给水排水专业、消防水专业	固定在建筑结构的管道支、吊架和管道预留孔洞不得影响结构的安全。 2. 设备安装质量保证措施 按照基础图及设备安装图对基础各部位尺寸、预留孔（地脚螺栓）划线，对基础缺陷和坐标尺寸与设计不符之处应予以处理。 需要二次灌浆的基础表面（主要传动设备）应进行凿磨面处理。将基础表面全部凿毛，提高二次灌浆层与基础的粘结力。 安置设备垫铁的基础表面应剁堑平整，确保垫铁放置平衡。 设备开箱应在施工需要时进行，开箱时应会同业主、监理等有关人员作好检验、清点工作，并作好记录。 开箱后的设备或零部件应搬到室内或采取防雨措施，对各类设备或零部件的工作面、啮合面、密封面等要采取防锈、防碰措施。 垫铁布置要合理，设备就位找正、找平（标高、纵横向位置、水平度、垂直度、平行度及同轴度）必须符合规定要求。 设备部件的吊装必须选择好吊点和重心，千斤位置要根据不同的要求采取相应的保护措施，对各种工作面、配合面和密封面等严禁碰撞和擦伤。 金属构件的焊接必须按规程进行，焊后应及时清除焊渣飞溅。 大型设备的拖运、吊装与就位安装，必须编制详尽的施工方案指导施工。
3	电气专业	1. 桥架安装质量保证措施 钻孔作业应按照膨胀螺栓的规格设置深度尺和选择钻头。 桥架及箱（柜）安装时应使用墨斗、水平尺、线锤等专用测量工具，确保安装整齐美观。 桥架（线槽）穿过建筑物的变形缝时应加装伸缩节作为补偿措施。 2. 电缆敷设质量保证措施 电缆敷设前，先检查电缆型号、电压、规格及绝缘值是否符合设计要求，其外观有无损伤。 电缆敷设前认真审查二次接线图，按照电缆清单，在纸上模拟每一根电缆的敷设方向、路径，以保证所有电缆在支架上摆放整齐不交叉，做到整洁、美观，然后按此排列顺序敷设电缆。 电缆敷设前应将电缆事先排列好，划出排列图表，按图表施工，防止产生不必要的电缆中间接头。电缆敷设时应敷设一根整理一根，固定一根。 电缆敷设时，应从盘的上部引出，同时要保证有足够的人力不使电缆外皮受到摩擦。 电缆在穿入金属保护管时应垂直穿入，避免管口划伤电缆。电缆穿入后，立即进行封堵。 电缆敷设后，用自粘带在端头缠绕密封，防止电缆受潮。 热缩电缆头制作时，要均匀加热，使热缩件受热均匀，均匀收缩。 电缆进入箱、盘、柜应排列整齐、美观、有规则，使用尼龙扎带进行绑扎和固定，电缆芯线号用电缆标志打印机打印。 电缆芯线与接线端子的连接，母排的安装连接等紧固工作，均应使用力矩扳手，以满足扭矩要求。 钢管应选用镀锌厚壁钢管，钢管切割后应将管口打磨光滑，避免损坏电缆电线。 3. 柜体（箱）安装质量保证措施 柜体在就位过程中，应用滑车和人力缓慢平稳就位。 柜体在就位过程中，要防止柜体受到剧烈的撞击，致使柜体变形、内部元器件损坏。 柜体在安装过程中，要防止漆层被划伤，如被划伤后，用厂家配送的同样颜色的漆重新涂抹。 与制造厂签订合同时要强调柜体（箱）内开关、电器的质量，不能装上冒牌货和质量不可靠的产品。制造过程中，如有可能应派专业技术人员监制。运到工地必须进行质量检验。 产品应符合现行国家技术标准的规定，有铭牌、有合格证，还应有编号，产品技术文件应齐全

4. 空调系统调试阶段

（1）在调试阶段首先要编制合理的调试方案和调试计划。通风与空调工程调试一般分设备单机试运转和综合效能调试。

（2）设备单机试运转主要在于检查设备运行状况、测定设备运行的相关参数，重大设备如制冷设备应连同生产厂家进行单机调试。单机试运行阶段应及时填写调试纪录资料并保证参数记录的真实性、数据分析的精确性，为以后综合效能调试打好基础。

（3）在综合调试时，空调工程施工单位应提前做好以下工作：

①检查系统管道是否安装完毕，各种水、风阀门应调到相应的位置，机房内保持清洁卫生。

②设备单机试运行后可正常运行，测定数据完整无缺。

③电气控制操作已完成，智能控制系统等也已安装并调试完成。在开始调试运行中，应对各项测试项目仔细观察（条件许可时进行现场录像或拍照），得出第一手资料，对有偏差项目及时进行调整，使之满足设计要求。

（4）调试结束后，要立即填写相应的调试记录资料，作为竣工交付及将来正式运行的重要依据。

设备综合效能调试完成后，项目部根据业主的要求对业主的物业管理人员进行现场指导和培训，直至这些员工熟悉系统的操作、运行和维修工作。培训内容可根据业主要求，各系统的培训时间将按业主派遣维护人员的技术水平作充分安排，包括现场操作、授课等培训。

5. 最终检验和试验阶段

当各分项、分部工程施工完毕，且规定进行的工序检验和试验及系统调试均已全部完成时，项目部对单位工程质保资料和观感质量进行自检后，报送企业工程部组织进行最终检验和试验。

（1）核查竣工资料是否齐全、清晰、可靠和符合当地城市建设档案管理办法规定要求；"调试质量保证资料自检表"是否加盖工程调试专用章，以确定是否所有规定的调试、检验和试验均已完成，且结果满足要求；

（2）对单位工程的观感质量进行评定；

（3）进行单位工程质量综合等级评定；

单位工程质量综合等级评定工作完成，并确认工程质量满足规定要求，具备交付条件后，项目部填写"工程竣工报告"经总工程师、法定代表人签字确认后，并经监理公司初验完毕，经监理工程师审查合格并签署意见后，方可正式向建设单位申报工程的验收和交付，并配合做好交工验收工作。

经验证不符合要求的材料、设备或检验、试验不合格的工程质量，按《不合格品控制程序》执行。本公司不允许未经检验、检验不合格的工程转入下道工序或交付给顾客。

（1）本工程的分项工程检验评定工作由各专业施工员、质安员进行。

（2）分部工程的评定工作由工程经理部质量部门负责完成。

6. 不合格产品控制

（1）本工程的质量由项目部技术负责人全权负责，质量安全负责人全面负责并组织检查，专业负责人、施工员应对各自负责的工程质量实施全面检查。

（2）当出现一般不合格或质量通病，质量安全员下发质量信息传递单，专业工程师、施工员根据问题及时组织返工，使施工质量达到合格。

（3）返工后的工程由专业责任施工员填写信息反馈表，说明返工完成时间和处理办法，交项目质量安全员，项目质量安全员根据信息反馈表对工程进行复查，并填写工程质量复查表备案。

（4）接受和服从业主、监理单位对工程质量的检查、监督与指正，根据其开具的不合格信息（包括口头及书面），立即组织修正、返工，经项目部专业施工员、质量安全员、项目技术负责人复查确认合格后，以书面形式报请业主，并接受业主的复检。

（5）本工程一旦出现严重不合格或事故，立即报知业主，并由项目技术负责人组织有关人员分析原因，采取必要的措施，组织人力进行返工，确保工程始终处于合格状态。

项目部每周召开一次安全、质量分析会议，应根据施工特点、周围环境、季节特点、资源情况，对可能发生的质量事故采取有针对性的预防措施。

2.4 机电安装工程技术管理

2.4.1 技术管理

机电安装工程具有科技含量和技术水平高、施工技术复杂、操作难度大、工程质量要求严等特点，因此机电工程安装前、安装过程及安装后都应该有可靠、可行的技术措施，保证机电安装工程工程质量。

2.4.1.1 施工前技术准备

1. 编制施工组织设计

依据机电安装工程的特点、难点及工程合同和投标文件，编制施工组织设计。施工组织设计的内容包括：

（1）对工程施工现场进行调查和踏勘

1）调查的目的，主要是掌握现场的供水、供电、供热三通一平、地质状况、水高、气象等基本条件和状况，同时踏勘现场障碍及进场入场交通运输条件、供货条件等。

2）摸清业主、设计、监理等单位的组织模式，机构状况及供图时间，周期和监理人员状况和编制安排，便于配合和相互责任及约束。

3）依据现场调研结果，了解并掌握工程的特点、技术难点等，同时根据单位自身的技术装备、技术能力、人力资源等，决定组织有关人员的培训学习或调研，以便适应工程施工需要，必要时进行培训考试，持合格证书上岗。

（2）按照项目管理模式，确定并组建项目管理的组织机构，明确岗位责任。

（3）确定施工总体部署和施工目标

根据施工合同、招投标文件及施工管理目标的要求，确定施工目标，比如工期、进度、质量、安全、环境和成本等目标，这些目标应与总目标相应。

施工总体部署的依据，还包括总工程量，依据工程量确定人力资源和物质资源的供应保障，并适时考虑总包分包的合理调配或配制。

（4）编制施工计划

依据工程量及特点和难点，根据单位、人、机、料、环境条件、开工和竣工规定，编制施工进度，指导施工。施工计划可是横道计划，也可是网络计划，最好是网络计划，按计划组织施工。

在编制施工计划时，应注意施工阶段的划分和流水作业及交叉作业，尽可能科学组织施工，节省环节的工期浪费。

计划包括管理计划、人员需用计划和进出场计划、物资需用计划和进场计划、施工设备需用计划和进出场计划、工程设备进场及安装计划等。

（5）编制施工总平面图

施工总平面图起到合理安排现场临时建筑规划、供水、供电、供气、供热的分配及输送，同时考虑现场的消防、排水、排污、环境保护和节能减排等规划。总平面图还要规定交通运输进入现场、出场流向，特别是重、特、高、尖设备入场、卸场及吊装安装的场地设计。

（6）编制主要施工方案

针对工程的特点、重点、难点编制施工方案，还要根据重要程度分别编制施工方案、施工技术措施、施工作业指导书等指导施工人员操作，确保工程进度、安全、质量。还有的特殊工程，比如高碳钢、合金钢、耐热合金钢、不锈钢、镍钼合金钢、铸钢、核电用钢等还要编制焊接指导书，在指导书的指导下，制定焊接工艺评定，以确定焊接技术参数，指导焊接施工等。

（7）编制工程质量计划

工程质量计划是一个比较大的、复杂的管理计划，它是依据工程规模、特点、难点、重点来编制，是在人、机、料、环的基础上，确定各自责任，按总体部署合理进行有效良性循环，以确保工程管理目标的实现。

（8）编制工程创优规划

根据工程规模及影响和施工企业的需要，确定编制工程创优规划及创优措施。规划应包括创优目标和创优措施及实施过程的责任，检验检测等。

（9）确定技术经济指标

技术经济指标是衡量施工组织编制水平和组织实施施工管理水平的重要指标，因此要在工期、资源消耗、机械设备高效利用、节能减排、科技创新、选择先进施工工艺等方面挖潜创先，以获取更多更大的技术经济效益。

（10）技术资料整理归档

工程交工资料不合格，工程视为不合格工程，这是《建筑法》的规定。因此一个较好较全面的施工组织设计一定要将交工资料整理和归档列入其中，并制定出具体措施以保证其交工资料的最高水平归档。

2. 图纸会审

图纸会审由建设单位组织并主持召集有监理单位、施工单位等相关技术人员、专业人员参加的，由设计单位专业人员分别对设计的先进性、特点、重点、难点进行重点介绍，其他单位根据读图发现问题、错误（指图纸）进行交换意见，最终形成一致意见，并做纪要存档。图纸会审前施工单位还应熟悉图纸内容，找出设计的失实和错误，并提交会上解决。

3. 施工技术交底

施工技术交底要有层次、有重点、有针对性地进行。交底的对象是现场的施工管理人员和施工操作人员，而施工技术交底应贯穿于施工的全部过程，一旦需要，随时进行技术交底。施工交底的原则和内容是：

（1）原则：是所有的工程（包括单位工程、单项工程）在施工之前，都必须向相关人员进行详细、具体的技术交底，使施工人员明确并了解该工程的规模、重点及技术难点，并掌握施工管理和施工操作的要点，便于施工人员应用操作，同时使项目全体人员熟知自己的责任和义务等。

（2）技术交底的内容主要包括：工程规模、特点、难点和重点，工程造价和合同主要内容，工程开竣工时间的施工计划，人、机、料、环的循环要求，即技术、质量、安全、计划、物资供应等及施工过程质量过程控制、检验检测，安全施工措施检查落实及接受监理监督检查的配合等，使整个工程合理、有序、健康循环运转。

（3）技术交底的制度

根据规模大小及技术复杂程序和难点重点进行分级技术交底。整体工程技术交底可由上级单位的技术负责人或项目技术负责人组织、主持并直接向项目的技术、质量、安全负责人，施工管理人员、施工人员、操作人员进行技术交底。单位工程或单项工程可由项目技术负责人或专业技术人员分别向参施的管理人员、施工人员进行技术交底。总之，任何一项单项、单位工程施工前都应进行技术交底。

2.4.1.2　施工过程技术管理

1. 施工新技术开发

（1）根据工程重点、难点和技术复杂程度，施工单位或项目部应组织有关工程技术人员及高级工人或技师，进行技术开发攻关，研发更先进的施工工艺、施工技术、施工机具应用于本工程，使其又快又省又优的完成工程施工。新技术新工艺的开发，是提高劳动生产率、降低工程成本、减少污染排放、降低能耗、提高经济效益和社会效益最好的措施。

（2）工程技术人员，特别是项目技术负责人，应根据工程的特点，要认真贯彻和推广应用建设部推广的建筑安装工程的"十项新技术"，不断地提高施工技术，实现较好的经济效益，提高企业的知名度。

2. 施工技术工作

（1）将技术工作落实到施工全过程，比如合理组织施工，严格控制施工程序，坚持应用先进的施工工艺，灵活应用先进施工操作方法等，就能够不断提高施工技术水平。

（2）坚持深入施工现场，解决施工过程中的一切施工技术、操作技术，保证工程有序顺利进行，实现工程质量优良和安全生产。

（3）认真贯彻施工组织设计、施工方案及作业指导书或施工技术措施，并且不断总结完善施工组织设计中的技术，便于今后工程应用和参考。

（4）直接组织并参与施工班组的创优活动和 QC 活动，不断提高施工质量和施工技术，完善班组的质量和技术管理及实施。

（5）积极开展合理化建议，关于发现施工过程中的技术创新、操作创新，将施工人员的合理建议进行搜集和整理，并迅速进行推广应用，使施工技术工作深入到每个施工环节。

3. 工程变更的控制管理

（1）设计变更

1）当设计发生变更后，如果合理，无论是否涉及施工费用增减，施工技术人员都应接受设计变更通知或图纸，并认真实施。如果变更的设计施工单位无法办到或实施困难很大，而原设计没有什么太大的不适，工程技术人员可与监理、建设单位磋商，尽可能不改。如果建设单位或设计单位坚持要改，则产生的一切费用都应由业主承担，并办理好签证，否则有权拒绝更改。

2）无论什么原因发生的由业主、设计、监理等提出的设计变更，无论是否与合同约定有异，都应办理业主、设计、监理共同签认手续后才能进入下一个工程，即备料、实施。

（2）施工变更

1）由于设计深度的原因或出现与现场情况不符及交叉矛盾等情况发生，施工单位可向监理提出，要求设计者或业主作出设计更改，以便施工顺利进行。凡属此种情况，修改单应由设计、业主和监理共同签署。接到设计更改，施工单位应尽快解决。

2）施工单位的工程技术人员或者施工人员，提出合理化意见，需要修改设计，不仅能够满足使用，更能节省投资，还能提高施工效率。这样应由施工单位提出，或者施工单位与监理共同提出申请变更设计，则必须办理变更手续，报请监理、设计、业主共同审定签认，待批准或签认单返回后才能变更。未经批准或同意，施工方不得擅自更改，更不能强行更改。施工方合理化建议所节省的投资，按国家相关规定获取。

（3）变更管理原则

无论是设计变更或者是施工变更，都应严格按有关规定的程序申请、核定、批准、签发、归档；重大变更还需逐级申报、审核、批准、签发、归档。

4. 工程质量技术管理

任何工程，质量技术是非常重要的，过去往往被众多人员忽略，原因是许多人看不到质量技术的重要和存在。质量技术就是运用技术的手段、技术的措施，保证工程质量的优良，而其中最主要的环节是过程控制和过程检验检测。过程检验检测应由先进的技术方法、先进检测手段和设备仪表来实现的，因此质量技术工作贯彻整个工程过程。

5. 工程技术资料管理

任何一项建设工程项目，从工程准备直至工程竣工验收、使用等各个阶段，都要形成许多工程文件，这些文件反映了工程建设过程中的真实情况，统称建设工程文件（也称工程资料）。

（1）施工资料的主要内容

施工资料是施工单位在工程施工过程中形成的文件资料。机电安装工程的施工资料主要包括：工程管理与验收资料，施工技术资料，施工测量记录，施工物资资料，施工记录，施工检验检测记录（或报告），施工试验记录，施工质量验收记录等。

1）工程管理与验收资料：工程概况，单位工程质量验收文件，开工、竣工报告，工程试运行记录，工程竣工验收报告及工程施工技术总结等。

2）施工管理资料：施工进度计划，项目大记事，施工日志，质量检查记录与不合格项处理记录，工程质量事故处理报告（无事故不填），施工总结。

3）施工技术资料：施工组织设计，施工方案或作业指导书，技术交底记录，安全交底记录，工艺评定记录，设计变更和施工变更记录，工程洽商记录，合理化建议记录等。

4）施工测量记录：确保安装工程定位、标高、位置、设备与建筑物的关系等满足设计和规范要求和规定的资料。

5）施工物资资料：所用设备和物资性能和质量指标等各种证明文件、材质及合格证，合格供应商证明文件，设备配套文件，比如安装使用说明书，受压力设备的强度验算书等。

6）施工记录：工程质量、安全的各种检查记录，主要是预检、隐检、交接检查记录及其他检查记录等。

7）施工检验检测记录：工程无损检测记录，大型轴转设备中心垂直检验检测记录，塔形设备及钢构件受力分析测验检测记录等。

8）施工试验记录：根据设计和规范的要求和规定进行的试验记录：原始数据和计算结果及试验结论。

9）施工质量验收记录：依据相关标准、规范、规程对工程质量是否达到合格作出的确认性文件，主要是检验批质量验收记录，分项工程质量验收记录，分部（子分部）工程质量验收记录。

（2）施工资料管理原则

1）施工资料的形成，收集和整理都应当以合同签订及施工准备工作开始，直到竣工交工为止，贯穿于工程建设施工活动的全过程，必须做到完整、真实、无漏无缺。

2）施工资料的收发、有效性确认、保管、变更标注和审核审批应按文件资料的规定，工作程序、合理流向、保存等应执行有关管理制度的规定，进行有效控制。

3）施工过程中形成的资料，应按报验、报审的程序，通过相关单位审核后方可报建设单位或监理单位。在报验、报审的时限性要求应该在相关文件中约定，并含有应该承担的责任；无约定时，施工资料的报验、报审不得影响正常的施工。

4）施工资料的保存应以分项工程为基本单位进行卷宗保管，但保存过程中应进行分项区分，以便资料保管、检查、检索以及竣工时归档整理。

5）在施工合同中应明确施工资料移交套数、移交时间、移交地方（比如当地档案局）、质量要求及验收标准等。

6）施工资料必须真实，并且具备一定的代表性，并能如实反映工程和施工中的情况，绝对不能仿造、伪造。形成的资料不得擅自修改，如发现问题，或存在问题，要认真复查，作出处理结论，评语要确切，还应有监理认可。

2.4.1.3 竣工后的技术管理

一项具有很高价值的工程，技术先进、影响较大的工程，工程竣工交工后，还应对工程施工进行施工总结和技术总结，以便为今后类似工程施工积累经验。

1. 工程竣工档案管理

工程档案是在工程建设活动中直接形成的具有归档保存价值的文字、图表、音像等各种形式的历史记录，也称为竣工档案。竣工档案的分类、整理、检索、成卷成册工作，也是一项重要的技术工作，必须引起高度的重视。《建筑法》规定，工程竣工资料不合格，工程视为不合格工程。工程档案的搜集、分类、整理，是一项复杂、繁琐的工作，一定要耐心、细致做好。

（1）工程档案的主要内容

1）一般施工记录：施工组织设计或施工方案及施工技术措施，工艺评定，技术和安全交底，施工日志等。

2）图纸变更记录：图纸会审纪要，设计变更，施工变更，工程洽商，技术核定单等。

3）竣工图纸：竣工图纸可由建设单位向设计院提出绘制，施工单位提供必要材料，如果设计变更不大，可在原设计图上面附上相关的设计变更或施工变更，并盖上竣工图章即可。

4）设备、产品、材料的质量检查、安装记录，设备、产品、材料的质量合格证、质量保证书，特种材料的力学性能、化学性能的检验检测报告（包括复验），设备、产品、材料安装前报验单，设备安装记录，设备试运行记录，设备明细表等。

5）预检记录：隐蔽工程检查记录，锅炉及压力容器试压记录，焊接工程的焊接工艺评定及无损检验记录和热处理记录，工程、设备、电气等调试试验记录等。

6）工程质量检验记录：检验批质量验收记录，分项工程质量验收记录，分部（子分部）工程质量验收记录等。

7）质量事故处理记录。

（2）工程档案的技术要求

1）工程档案是工程施工依据和实施结果记录的文件资料，应当真实、正确、完整、有效、无损、齐全、无缺漏。

2）所有工程资料都应严格依据规定的程序进行办理，责任人应履行签认，报批、报审都应有依据和记录。报批或报审都应有审核、批准的手续和审核认可的手续。工程资料流转的各个环节不能发生差错。

3）工程档案是具有永久和长期保存价值的资料，其必须为原件，因各种原因不能使用原件的，应在复印件上加盖原件存放单位的公章，注明原件存放处，并有经办人签字及时间。

4）工程档案应保证字迹清晰，签字、盖章手续齐全。工程档案填写和编制应采用档案规定用笔或采用计算机打印，同时还要符合档案缩微管理和计算机输入要求。

5）工程档案的照片（含底片）及声像资料应图像清晰、声音清楚，文字说明内容准确。

（3）工程档案的组卷

1）建设项应按单位工程组卷。

2）工程档案应按不同的收集、整理单位及资料类别分别进行组卷。

3）卷内资料排列顺序应依据卷内资料构成而定，一般是封面、目录、资料、备份、封底。

4）案卷内不应有重复资料。

2. 施工技术总结

（1）按工程的特点、难点和重点，提炼出工程在施工过程中的核心技术，找出这些技术在实施和应用过程产生的效益和社会影响，通过分析、比较、评价、调研了解这些技术的先进性，在此基础上进行技术总结。技术总结最核心的是先进施工工艺，而先进施工工艺中体现先进的技术措施、技术手段及新材料、新设备。通过总结分析，找出技术亮点，得出该亮点的技术水平。

（2）委托科技信息中心（省级及以上的情报所）进行"科技查新"或委托他们进行该技术的先进水平的评估，从而可以确定该技术在国内外的位置和水平。

（3）凡是具备国内先进、国内领先水平的技术项目，又经"科技查新"确认后，就可以申报国家专利。

（4）"科技查新"和"专利"申报成功后，应委托相关单位（国家或省级）有资质的单位或团体组织专家进行科学技术鉴定，得出相应的鉴定意见。

（5）在上述工作进行完毕后，提出结论是国内先进及以上的技术项目或成果，应积极申报科技进步奖，科技进步奖可逐级申报，本单位、本地区、省、国家或行业协会都可以。

2.4.2 编制施工工法

（1）凡是先进的施工工艺，又经"科技查新"和专家鉴定，如果技术水平国内先进，又没有类似的省级或国家级工法，可以组织相关技术人员编写本工程的施工工法。工程编写应抓住重点或核心技术，即以工程为对象，工艺为核心，运用系统工程原理，把先进技术和科学管理结合起来，总结形成施工工法。

（2）工程建设施工工法编制内容

工法内容包括：前言；工法特点；适用范围；工艺原理；施工工艺流程及操作要点；材料与设备；质量控制；安全措施；环保措施；效益分析；工程实例共十一项。

（3）省、部级及国家级工法的申报

1）申报程序

企业工法形成后，经实践，既先进，又适用，则可以申报省、部级工法。省部级工法获得批准，并被省、部级推荐，才能申报国家级工法，国家级工法的受理单位是住房和城乡建设部，由它代表国家审核、评审、批准。

2）国家级工法申报资料包括：

①国家级工法申报表；

②工法具体内容材料；

③省、部级工法批准文件复印件；

④关键技术审定证明（即科技查新、专利和专家鉴定）或与工法内容相应的国家工程技术标准复印件；

⑤工法应用证明（业主、设计、监理单位提供）和效益证明（本单位财务和技术部门提供，最好是上级主管财务部门或审计部门提供的证明）；

⑥关键技术专利证明及科技成果奖励证明复印件；

⑦工程实例照片，最好是反映工程实际施工过程中的录像光盘；

⑧上述资料的光盘。

2.4.3 某机场第二航站楼机电工程图纸交底会审案例

1. 背景

某机场第二航站楼按总建筑面积 127000m²，高峰时客流量为 5500 人/小时，其中国内 4000 人/小时，国外 1500 人/小时。该工程设施完善，技术先进，其安装内容包括通风与空调工程、能源供给、火灾报警、自动灭火、给水排水、楼宇自控、程控电话、保安监控、航班及行李显示、行李输送、自动步道、监视防益等 20 余个系统。

该工程由加拿大某设计公司总设计，台湾和香港公司技术设计，国内大设计院深化设计并转包给地方设计院设计，因此施工时图纸始终不全，深化设计深度不够，给施工带来许多麻烦和困境，在图纸会审时，还没有设计出全套完整图纸，因此边设计、边施工造成浪费和工期延误等。为此，施工单位通过图纸会审解决深化设计，通过图纸会审，找出设计存在的不足和设计错误及设计综合集成问题，明确相关责任，确定解决问题办法和时间，保证施工顺利进行。如该工程冷冻机机房风管保温，设计选择当时的岩棉保温，外绕玻璃丝布。在图纸会审时，专业分包单位根据经验提出这种保温结果容易造成管壁结露，建议采取岩棉与管道之间满涂粘结剂，隔绝保温与管壁间的空气层，防止结露，建设单位认为不必要，不同意分包单位的建议，但总包单位坚持将建议写入会审纪要，各方同意。但投产后不到一个月，又是夏季，南方海边湿度大，冷冻机房空调风管岩棉全部吸水脱落并滴水，造成 25 万元损失。

2. 分析

（1）图纸会审目的：通过图纸会审，了解设计意图、设计思想，掌握工程特点、重点及技术难点，同时还要找出设计存在不足或设计错误，明确设计单位、建设单位、施工单位的责任，讨论管线、支架的综合，提出解决问题的办法，确定图纸修改和交图时间，最终形成会议纪要，各方共同遵守，以保证施工顺利进行。

（2）图纸会审参加的人员：建设单位技术领导或主要领导及各专业技术负责人，设计单位领导及各专业技术负责人，监理单位的总监及各专业技术负责人，施工单位领导及各专业技术负责人等共同参加，业主主持、设计陈述，监理及施工单位将自身预审的综合意见提出，与会共同讨论，取得共识、形成纪要，共同遵守执行。

（3）图纸会审纪要的作用：通过图纸会审这种形式了解设计意图，弄清该工程的技术难点和重点，提出并分析图纸中的问题和不足，共同磋商解决的办法，获得各方共识，形成图纸会审纪要，共同遵照各自实施。图纸会审纪要可起到合同的补充作用，为今后出现的分歧而进行处理提供依据和证据。

（4）如何通过图纸会审解决深化设计

该工程从规划设计到技术设计都由境外的国家地区完成，而且设计深度与国情极为不符，用此图无法进行施工。虽然国内大的设计院承揽深化设计，但是因不重视该工程而将深化设计分包（转包）给地方设计院，而该设计院又不具备这么大的工程、这么复杂的技术解决能力，经多次图纸会审讨论，最终确定：由施工单位配合设计单位，一是共同进行深化设计，解决施工用；二是由施工单位代替设计院对综合布线、楼宇自控等二十余项弱电工程做设计综合集成，并用施工单位图框出图，监理、业主、设计共同会签、认可；三是由建设单位向施工单位付设计费用，并形成会议纪要文件。

（5）通过图纸会审这种形式，不仅能找出设计错误和不足，而且还能将施工单位和先进施工工艺方式传授给设计人员，起到互补作用。此外通过会审，还能解决设计单位、建设单位、施工单位、监理单位分歧意见及不同理解和看法，通过讨论、分析、研究共创共识，有利于问题的解决。同时通过会审的方式形成的会审纪要，起到合同不能覆盖或不能解决的问题，有利于施工顺利进行，工程按时竣工投入运行。

（6）该工程冷冻机机房风管保温，设计选择当时的岩棉保温，外绕玻璃丝布。出事之后，业主找施工单位理论，施工单位技术负责人据理相争，并找出图纸会审纪要文件给业主看，业主无话可说，不仅赔了二十多万的材料费，还包赔拆除和二次安装的费用。此例真实说明了图纸会审纪要的重要性。

（7）深化设计是在原设计的基础上对各专业、各系统进行细化，完善和优化，以保证施工顺利进行。当前，国内施工单位没有责任和义务承揽工程任务后做深化设计，这项工作属设计的工作内容。该工程的深化设计是在多次进行图纸会审后，设计单位确实无此专业人员进行综合布线等楼宇自控的综合集成设计和专业系统设计，协商后确定委托施工单位承揽，故形成纪要，既解决施工缺图问题，又解决了收取设计费问题，起到了合同无法解决的问题。

2.4.4 某机电安装公司分包通风与空调工程项目资料管理案例

1. 背景

某机电安装公司分包一个办公楼项目的通风与空调工程，施工项目包括：地下车库排风兼排烟系统、防排烟系统、楼梯间加压送风系统、空调风系统、空调水系统以及空调设备配电系统。该项目的所有施工内容及系统试运行已完毕，在进行竣工验收的同时，整理竣工资料与竣工图。工程施工资料的检查情况如下：采用的国家标准为现行有效版本。预检记录齐全，其中2份的签名使用了圆珠笔。施工组织设计、技术交底及施工日志的相关审批手续及内容齐全、有效。预检记录、隐蔽工程检查记录、质量检查记录、设备试运行记录、文件收发记录内容准确、齐全。检查中发现缺少2个编号的设计变更资料。工程洽商记录中仅有这样的描述：将三层会议室的 VAV4 改为 VAV1 + VAV2。各种记录的编号齐全、有效。在竣工时该公司把国家标准作为施工资料进行报验报审。

2. 分析

本案例主要考核施工资料包括的范围和资料的管理要求。

（1）国家标准不是施工资料，因为施工资料是施工单位在工程施工过程中形成的文件资料。

（2）施工技术资料包括：施工组织设计、施工方案、技术交底记录、设计变更文件、工程洽商记录等。

（3）施工资料应按报审、报验程序，通过相关单位审核后报建设（监理）单位，报验、报审的时限性要求应在相关文件中约定。

（4）检查中存在的问题有：

1）预检记录是存档的工程档案资料，其书写材料应采用耐久性强的碳素墨水或蓝黑墨水等；

2）检查中发现设计变更通知单缺少2个编号，这说明设计变更通知单有丢失或遗漏的现象，作为重要施工资料的设计变更资料必须完整无缺。

3）工程洽商是一个重要的施工依据，其内容应该能够指导施工，但此份工程洽商仅说明 VAV 发生了变化，但没有变化后的施工图样，无法指导施工人员施工。

2.4.5 某施工单位分包炼油厂生产区供热管线施工工程档案管理案例

1. 背景

某施工单位分包东北炼油厂生产区供热管线的施工，施工范围是由供热锅炉房室外 1m 至各楼号室外 1m，供热管线为不通行地沟敷设。主要工程量为：$\phi250 \times 10$ 无缝钢管 3000m，各种阀部件 280 套，波纹补偿器 60 个。目前施工任务已经完成，正在进行工程验收及竣工资料的整理。该施工单位总部对项目部进行竣工资料检查，其检查的情况如下：

（1）施工组织设计、技术交底及施工日志的相关审批手续及内容齐全、有效；

（2）预检记录齐全，但其中有 3 份没有质检员签字；

（3）预检记录、隐蔽工程检查记录、质量检查记录、设备试运行记录、文件收发记录内容准确、齐全；

（4）设计变更通知单中有 2 份是复印件；

（5）工程洽商记录缺丢 1 个编号；

（6）隐蔽工程检查记录中有这样的描述：所采用的材料为无缝钢管 $\phi250 \times 8$，管道及阀部件的安装及保温、防腐保护层符合规范及设计要求。

2. 分析

本案例主要考核机电工程档案的内容、工程档案的组卷和管理要求。

（1）检查情况 3 中，属工程档案的记录有预检记录、隐蔽工程检查记录、设备试运行记录。

（2）工程档案组卷的要求：工程档案组卷应按单位工程进行组卷；按不同的收集、整理单位及资料类别分别进行组卷；卷内资料排列顺序应依卷内资料构成而定；卷内不应有复印材料。

（3）竣工档案存在如下问题：

1）竣工档案必须为原件，而设计变更通知单中有 2 份是复印件。

2）竣工档案应签字、盖章手续齐全，而预检记录中有 3 份没有质检员签字。

3）竣工档案是需永久和长期保存的资料，必须完整、准确和系统，而工程洽商记录缺丢 1 个编号，也就是说工程洽商记录丢失一份。隐蔽工程检查记录的无缝钢管为 $\phi250 \times 8$，而工程要求采用 $\phi250 \times 10$ 的管道，材料发生了变化，应该有设计变更或工程洽商记录。

2.4.6 某机电安装公司分包空调与通风工程技术交底案例

1. 背景

某综合楼的结构形式为钢筋混凝土框架结构，建筑面积为 5 万 m^2，地下 3 层，地上 10 层。某机电安装公司与总包单位签订了该栋楼的机电安装施工合同，其施工范围包括：通风与空调工程、给水排水工程。经过一段时间施工后，其施工状况如下：

通风与空调工程已完成的项目包括：地下室风管与水管道安装，地下室主机房安装，地上部分风管的加工制作，地上部分水管道安装一层到五层。

给水排水工程已完成的项目包括：地下室给水管道、排水管道的安装，给水泵房安装，地下室卫生间卫生器具安装，地上一至五层给水管道安装。

本项目共有 10 个施工班组，各施工班组的安排如下：

通风与空调工程：共 6 个施工班组，其中 3 个风管制作与安装班组（A 组、B 组、C 组），2 个空调水管安装班组（D 组、E 组），1 个设备安装班组（F 组）。

给水排水工程：共 4 个施工班组，其中 2 个给水管道班组（G 组与 H 组），1 个排水管道班组（J 组），1 个设备安装组（K 组）。

施工单位总部对该工程项目部进行施工资料检查，检查的情况是：

（1）技术交底记录共有 4 份，分别为：风管加工、空调水管安装、排水管道安装、给水泵房设备安装。

（2）风管加工交底记录上有 A 组、B 组签字。

（3）在施工资料检查中，发现 2 份设计变更记录，其内容是对二层水平管道进行较大变动。

（4）空调水管道交底记录上有 D 组、E 组、G 组的签字。

（5）经询问，风管道支吊架的交底是采用会议的形式进行的，但未形成记录。

2. 分析

本案例主要考核施工技术交底的内容和要求，在进行技术交底的时候需要注意的问题，并明确交底的时间和人。

（1）针对本案例的实际情况，技术交底的要求是：建立技术交底制度，明确相关人员的责任，技术交底要分层次展开，技术交底前应准备交底的书面资料或示范、样板等，技术交底完成后应及时进行记录，并应签字齐全，技术交底记录应妥善保存。

（2）本案例中，技术交底的管理存在的问题有：

1）本项目的一些分项工程在施工前未进行技术交底或进行了没有记录，缺乏同步性。根据本项目工程进展情况，未进行的技术交底包括：机房内设备运输吊装技术交底、给水管道施工技术交底、设计变更技术交底、风管道安装技术交底。完成技术交底但没有记录的项目是风管安装。

2）本项目技术交底对象不全的是：风管制作 C 组未进行技术交底，应补充。技术交底对象出现错误的是：空调水管道交底对象应是空调水管施工班组（即 D 组和 E 组），而施工班组 G 组是进行给水管道施工，不应参加空调水管道技术交底。

因此，本项目在技术交底的管理上存在未及时进行技术交底、交底对象不清楚等错误。

（3）施工方案在工程施工前交底，由施工方案的编制人员向施工作业人员交底。

（4）交底的内容是：该工程的施工程序和顺序、施工工艺、操作方法、要领、质量控制、安全措施等。

2.4.7　A 公司承包一办公大楼机电安装工程施工方案案例

1. 背景

A 公司承包了一办公大楼的机电安装工程，工程内容包括建筑给水排水、建筑电气、通风与空调等机电工程，主要的设备有冷水机组、燃油锅炉和变配电设备等，合同总工期为 10 个月。因安装工期紧，A 公司将其中的建筑智能化工程分包给 B 公司安装。在施工准备阶段 A 公司项目部编制了施工组织设计、施工进度计划。根据现场施工总平面图，编制了相应的施工方案和安全措施，建立了机电安装工程的管理体系。

2. 分析

（1）A 公司编制的施工组织设计主要依据是：建筑工程的施工组织总设计、工程合同、招投标文件、设计图纸、主要工程量和材料清单等。

（2）智能化工程的施工进度计划应由 B 公司编制，交 A 公司审核。考虑的主要因素是：建筑工程和机电工程的施工进度，工程项目的施工顺序，项目工程量，各工程项目的持续时间，各工程项目的开、竣工时间和相互搭接关系。

（3）冷水机组和燃油锅炉的施工方案由 A 公司编制。依据主要有：已批准的施工图和设计变更，设备出厂技术文件；已批准的施工组织总设计和专业施工组织设计；合同规定采用的规范、标准和规程等；施工环境及条件；类似工程的经验和总结。

（4）施工平面图由 A 公司布置，要点有：设备材料的堆放及加工场地；交通运输平面布置；办公设施的布置；临时供水、供电线路的布置。

2.5 机电安装工程职业健康、安全与环境管理

2.5.1 机电工程项目职业健康与安全管理

安全生产长期以来一直是我国的一项基本国策，是保护劳动者健康安全和发展生产力的重要工作，同时也是维护社会安定团结，促进国民经济稳定、持续、健康发展的基本条件，是社会文明程度的重要标志。而建筑业（包括机电安装），在我国职业伤害事故中，仅次于矿山位居第二。所以机电安装企业的各级领导和项目经理以及全体参与者都要特别注意施工现场的职业健康和安全管理工作。现在多数机电安装企业都把质量、环境、职业健康和安全三个体系合并起来进行综合管理，简化了层次，也使职业健康、安全与环境管理得到了加强。不同企业对职业健康与安全管理的程序有所不同，现将机电安装工程项目职业健康与安全管理的一般程序介绍如下：

1. 确定职业健康与安全管理目标

项目部安全管理目标不仅要包括伤亡千分比的目标，而且还要规定领导作用、全员参与的目标、采用信息化管理的目标等。

2. 建立项目部职业健康与安全管理网络

要做好施工项目的安全管理，首先要建立起完善的职业健康与安全管理体系，它是施工企业和施工现场整个管理体系的一个组成部分，包括为制定、实施、审核和保持"安全第一，预防为主"方针和安全管理目标所需的组织结构、计划活动、职责、程序、过程和资源。安全生产管理体系的建立不仅是为了满足工程项目部自身安全生产的要求，同时也是为了满足相关方（政府、投资者、业主、保险公司、社会）对施工现场安全生产管理体系的持续改进和安全生产保证能力的信任。

（1）职业健康与安全管理网络一般构架

建立健全以项目经理为首的分级负责安全生产管理保证体系，同时建立和健全专管成线、群管成网的安全管理组织机构，是项目施工安全管理网络的一般构架。

（2）领导作用：搞好项目施工安全生产，领导是关键，项目经理是整个项目安全管理第一责任人、分包单位经理是分包单位的第一责任人。

（3）安全员的设置：各项目应成立安全管理小组，配备专职安全员，专门负责安全管理的日常工作，安全员的设置数量，要符合国家有关部门的规定，确保施工现场的安全工作有专人管理，同时要将班组长列为兼职安全员，负责本小组的安全工作。

3. 建立各单位、各岗位的职业健康与安全管理责任制

（1）责任制的范围：安全生产责任制包括项目部主要负责人（包括分包单位负责人）、各职能科室（包括分包单位职能单位）、各类管理人员一直到具体操作人员。

（2）制定责任制的要求：要遵循"预防为主、安全第一"的原则；要体现"以人为本"的安全情怀；内容要明确，文字要简练，易懂易记，可操作可检查。

（3）责任制的落实

责任制制定关键是要落实，在安全检查和安全员日常检查中，要对各类责任制的落实情况进行检查，要列出单独的检查表，对各单位、各类人员的岗位安全责任的落实情况进行考核。在此项工作中，项目经理要给予足够的支持，必要时亲自参与检查。

安全责任制的检查情况要与对个人和单位的考核紧密联系起来，优秀的给予奖励，落实不好的给予处罚。

4. 危险源辨识及预防措施的制定、落实

（1）危险源识别

1）项目部安全领导小组负责组织相关人员对施工现场危险源进行识别。

2）施工现场的施工状态总是动态的，因此危险源的出现也是动态的。安全领导小组要根据变化了的情况，不断识别新出现的危险源，尤其是重大危险源。

3）机电工程项目常见的危险源：不同的工程项目，施工现场的危险源是不一样的，施工现场常见的危险源有：

①施工平面布置中的不安全因素

a. 油料及其他易燃、易爆材料库房与其他建筑物的距离应按规范、规程设置，符合安全要求。

b. 电气设备、变配电设备、输配电线路的位置、防护及与其他设施、构筑物、道路等的距离符合安全要求。

c. 材料、机械设备与结构坑、槽的距离符合安全要求。

d. 加工场地、施工机械的位置应满足使用、维修的安全距离。

e. 配置必要的消防设施、装备、器材，确定控制和检查手段、方法、措施。

②高空作业——高空坠落；

③机械操作——机械伤害；

④起重吊装作业——吊装风险；

⑤动用明火作业（焊接、气割、气焊等）——火灾危险；

⑥在密闭容器内作业——窒息和中毒；

⑦上下交叉作业——物体打击；

⑧管道和容器的探伤、冲洗及压力试验

a. 管道和压力容器的射线产生放射性危害。

b. 管道和容器的酸洗造成化学腐蚀和中毒危害。

c. 管道和容器压力试验中的气压试验危害（包括高压试验危险）。

⑨临时用电、带电作业——触电危险；

⑩预留空洞、电梯口——坠落危险；

⑪单机试车和联动试车——试车危险。

（2）职业健康与安全预防措施的制定

1）预防措施制定要求：安全预防措施就是要根据施工现场识别出的危险源和项目部历年来安全管理的经验，制定出相应的预防措施。制定预防措施的一般要求如下：

①预防措施要有针对性：预防措施一定要针对识别出的危险源和日常安全管理的经验制定，不可照搬照抄；

②条理清楚、文字简单，易懂易记；

③有些常见安全措施可以编成数字、打油诗、顺口溜的形式，形象、逼真、便于记忆。如有些企业的事故处理"四不放过制度"，即事故原因不明不放过、责任不清不放过、责任者未受到教育不放过、没有预防措施或措施不力不放过。

2）三级安全教育

安全教育包括三级安全教育（公司、项目部、班组）和日常教育等类型。

①项目经理和专职安全员必须依法取得安全生产考核合格证书，项目部的各类管理人员应取得必要的岗位资格证书，特种作业人员必须依法取得特种作业人员操作合格证书。未经安全教育的人员不得上岗作业。

②安全教育的内容包括：安全生产法律法规；本企业的安全制度和安全操作规程；安全防护措施；违章指挥、违章操作、违反安全管理制度产生的严重后果；预防、减少安全风险以及紧急情况下应急救援的基本知识、方法和措施。

3）制定安全技术措施：在施工组织设计和施工方案中，要制定专项安全技术措施，用以保证工程的顺利进行。

4）安全技术交底：安全技术交底包括整个工程的安全技术交底，在开工前或者是开工初期进行，工长以上人员参加，由项目经理主持，项目总工程师进行交底；单位工程、分部工程开工前要进行安全技术交底，由专业工程师负责交底，班组长以上人员参加；班组长每天都要在班前进行安全教育；这些都要形成制度。

（3）预防措施的落实

1）要有资金保证，安全措施经费要求单列，专款专用；

2）组织要保证；

3）定期、不定期进行检查；

4）制定并落实奖罚措施。

（4）应急预案

项目部应根据识别出的重大危险源制定相应的应急预案，应急预案的内容包括：应急组织及职责；可依托的社会力量和救援程序；内部外部信息交流的方式和程序；危险物质信息及对紧急状态的识别以及发生事故时应采取的措施；应急避险的行动程序；相关人员的应急培训程序等。

5. 安全检查

施工现场的安全检查分为日常检查和定期检查。日常检查由专职安全员进行，每天都要检查；定期检查由项目经理或主管副经理带队，各施工队负责人、专职安全员参加，必要时邀请业主代表参加检查。安全检查的方法以安全检查表的方法为主。检查表包括施工单位、工程名称、检查部位、存在问题、整改人、限定整改日期、整改结果、检查人、陪同人等栏目。

检查结果由安全员负责检查，每周、每月汇总，向项目经理汇报。

6. 安全事故处理程序及安全事故报告的内容

（1）安全事故处理的一般程序为：报告安全事故；事故处理；事故调查；处理事故责任者；提交调查报告。

（2）安全事故调查报告的内容包括：事故的基本情况、事故经过、事故原因分析、事故预防措施建议、事故责任的确认及处理意见、调查组人员名单及签字、附图及附件等。

2.5.2 施工现场文明管理与环境管理

施工现场的文明管理与环境管理是项目管理的一个重要方面，它体现了一个施工企业的管理水平，对树立企业形象，提高竞争力有不可替代的作用。而随着世界人口的增长，社会的发展，资源的过度消耗，给人们的生存环境带来了很大的挑战，所以国家对环境问题越来越重视，当然也包括建筑业中的机电安装行业的施工现场环境管理。

机电安装施工现场的文明管理和环境管理的一般程序简介如下：

1. 确定文明管理和环境管理目标

确定文明和环境管理的目标，一般的要求是：文明施工、井然有序、清洁卫生、节能降耗。但要根据承包合同的要求和项目的具体情况将目标具体化，具有可操作性和可考核性。

2. 建立文明管理和环境管理网络

文明管理和环境管理网络可以和安全管理网络合并成一个网络，增加文明管理和环境管理的内容；也可以单独建立，这要根据项目的大小、复杂程度和管理人员的配置决定。

3. 建立各单位、各岗位的文明管理和环境管理责任制

各单位、各岗位的文明管理和环境管理的责任制，可以单独制定，也可以和安全管理责任制合并在一起，但条文要单独列出。责任制要结合三个体系文件的规定，最主要的要结合施工现场的实际情况，制定出切实可行并可以考核的责任制。避免空话连篇、放到哪个项目都可以的官腔条文。

4. 施工现场环境因素的识别及预防

（1）环境因素的识别

机电工程施工现场常见的环境因素有：噪声污染、扬尘污染、固体废弃物污染、生活及施工污水污染、有毒有害气体排放、电气焊弧光污染、射线污染、化学品、费油排放、危险品管理以及节能降耗等。

环境因素识别就是根据具体机电工程项目存在的环境因素进行识别，将识别出的环境因素——列出，然后分析其危害程度（是否为重要环境因素）、存在地点、影响范围等。

然后根据上述识别和分析制定出具体的预防措施。

（2）预防措施的制定

制定环境因素预防措施要有针对性、有效性、可操作、可检查，防止假大空的洋洋洒洒的官样文章。例如，对于生产废水和生活污水处理措施：施工现场要统一规划排水管线，将生产废水和生活污水首先排入沉淀池内，经二次沉淀后，方可排入城市市政污水管线或用于洒水降尘。沉淀池要有专人负责定时清理表面的油污和沉淀污泥，废油污要收集起来送到指定回收单位处理等。

（3）预防措施的落实

①要有专项资金保证：例如业主规定在机电安装期间，在生活区和施工区要建设八个厕所，每个厕所都要瓷砖铺底。这些设施能够保证厕所的卫生，但是需要资金，所以在合同里业主专门拨付了这部分资金。如果业主没有单列，项目计划目标成本里也要把这部分费用列进去。

②责成专人负责落实。

③要有专人进行检查落实的结果。

④对落实结果要进行评价。

（4）应急预案

应急预案要和安全应急预案一起制定，内容要包括所有已经识别出的重要环境因素并规定一旦发生重要环境因素要采取的应急措施。

5. 施工现场文明管理的企业标准化管理

施工现场的文明施工管理有个性也有共性，标准化就是将共性的东西从形式上标准化。例如施工总平面图的设计规则、企业标示、各种标示牌、围挡、服装、施工机械标示甚至临时建筑，都可以标准化。这样可以更好地树立企业形象，强化文明管理。

6. 施工现场文明管理和环境管理的检查

（1）检查的方法：现场文明管理和环境管理的检查，可以和安全管理一起进行检查，但要用单独的检查表，检查表的形式可以借鉴安全检查表的格式。

（2）检查结果的落实：检查方法上要明确存在的问题，整改的要求，整改负责人，整改完成时间。整改完成后，项目部责任人要负责检查，直至完成。

7. 落实奖惩措施：严明奖惩，说了就要办。如果成绩突出，应按奖惩办法予以奖励；如果有问题，要按规定给予必要的处罚。

8. 持续改进

对于安全管理、文明管理、环境管理、节能降耗管理都要秉承不断总结、持续改进的方针，使三个体系的管理不断前进。

这里需要着重强调的是领导作用。这些工作如果没有企业主要领导的重视，项目部没有项目经理的重视，是万万做不好的。所以，起决定作用的还是领导，尤其是一把手的重视及作用尤为重要。

2.5.3 造纸厂制浆生产线机电安装职业健康、安全与环境管理案例

××建设工程有限公司总承包了××造纸厂制浆生产线的全部机电安装和非标制安工程。

制浆生产线包括备料工段、制浆工段和碱回收车间。备料工段包括断木、剥皮、削片、筛选等工序；制浆工段包括预浸——蒸煮——洗、选、漂等工序；碱回收车间包括蒸发、燃烧、绿液苛化、白泥回收等工段。

1. 工程特点

一是现场组焊安装的重型设备多，如滚筒式剥皮机、回转煅烧窑、连续蒸煮塔等，整体重量都在上百吨、上千吨；二是高空作业多，例如蒸煮塔总高度接近 50m，有不少非标设备的总高度也在 30m 上下；三是重型设备吊装任务多，例如连续蒸煮塔、回转窑和剥皮机都是分段或分片到货，都要在地面组装成段然后吊起来组焊安装，碱回收炉的部件吊装任务也非常大；四是压力容器、碱回收炉、压力管道的焊接任务大，质量要求高；五是施工单位多，交叉作业多，协调任务大；六是工程量大、工期紧。

项目部把碱回收炉分包给了具有一级锅炉安装资质的 A 机电安装公司，把非标槽罐的制造安装任务分包给了具有相应资质的 B 机电安装公司。

2. 项目部的职业健康、安全与环境管理

（1）项目职业健康、安全与环境管理目标

项目经理是职业健康、安全与环境管理第一责任人，各分包队伍经理是各自单位第一责任人；轻伤率不大于#‰，重伤率不大于##‰，杜绝死亡；施工环境符合国家有关规范要求，杜绝重要环境因素对环境的影响。

（2）建立以项目经理为首的管理网络

项目部建立了以项目经理为组长、以主管项目副经理和各分包队伍项目经理为副组长的职业健康、安全与环境管理小组，并建立了相应的管理网络，基本构架如图 2-2 所示。

（3）制定各部门、各类人员的责任制

项目部根据项目的组织架构和规程的具体情况，制定了各部门、各有关岗位的责任制，包括技术质量科、安全科、设备材料科、工程科等部门的责任制；项目经理、分包单位经理、项目总工程师、安全员、各专业工程师、班组长直至操作人员的责任制。

责任制的制定要求简明扼要，易记易考核，例如安全员的责任制如下：

1）落实安全和环境设施的设置，监督劳保用品和环境保护用品的质量和正确使用；

2）对施工过程的安全和环境管理进行监督，纠正违章作业；

3）发现施工现场的不安全隐患和环境因素，督促有关单位限期排除；

4）组织和督促落实安全和环境教育（包括安全技术交底）和全员安全活动；

5）每天要把上述活动用检查表的形式记录，向主管领导汇报；

6）每周要把重要不安全隐患、环境因素、采取的措施及需要解决的问题汇总，向项目经理汇报。

（4）制定职业健康、安全与环境预防措施

1）识别危险源和重要环境因素：安全领导小组组织技术质量科、安全科、工程科、分包单位经理及经验丰富的老工人对本工程的危险源及环境因素进行识别。

①识别出的危险源有：高空作业风险、吊装风险、危险品存放使用风险、火灾风险、触电风险、机械伤害、射线危害、高压设备及管线压力试验风险、在容器内作业风险、交叉作业中的物体打击风险、预留孔洞的坠落风险、单机和联动试运行风险等。

②识别出的环境因素有：噪声污染、电焊弧光污染、在密闭的容器内作业存在的窒息

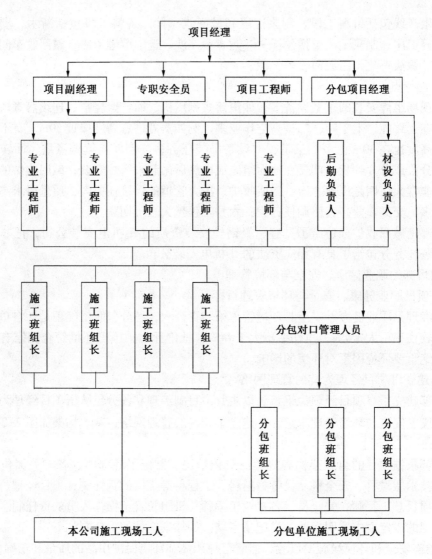

图 2-2　以项目经理为首的管理网络

风险、生活污水及试验、试生产用水排放污染、固体废弃物污染、废化学品及费油排放等。

③经分析可以降低能耗、减少排放的项目有：临时用电的配置、电焊作业、施工机械的调配及使用、节约施工及生活用水、节约清洗用油等。

2）制定预防措施

根据识别出的危险源、环境因素和节能降耗项目，由项目总工程师和安全科牵头，组织技术质量科、材料设备科、工程科及分包单位经理制定预防措施和节能降耗措施。措施要求简单明了，切实可行并具有考核性。

安全事故预防措施包括：高空作业风险预防措施、火灾风险预防措施、吊装作业风险预防措施、单机和联动试运转风险预防措施等。

环境因素预防措施包括：生产生活污水排放预防措施、射线探伤风险预防措施、容器内作业环境预防措施、清洗废油废液处理措施、固体废弃物处理措施等。

节能减耗措施包括能源、资源节约的措施，如节约用电措施、节约用水措施、材料节约措施等。例如，大型储罐试漏、试压用水量很大，应制定重复使用的措施等。

※例如针对本工程重要吊装任务多、吊装高度高、吊装重量大的特点，制定的吊装危险预防措施是：

①针对每一项重要的吊装工程（包括燃烧炉部件吊装、剥皮机和回转窑分段吊装、连蒸塔分段吊装等）必须单独制定吊装方案。吊装方案要有吊装方案平面图和立面图，要有详细的计算（包括吊车的选择，铁扁担、吊具、索具的计算，地基的处理等）。方案经过项目总工程师审核后，报公司总工程师批准后执行。

②吊装要由持证起重司机和持证起重工担任指挥和主要岗位的工作。

③吊装设备（包括汽车起重机和到现场安装的履带吊）到现场后必须经过检查试验，合格后方可投入使用。

④每次重要的吊装前，都要进行安全技术交底，每个人都要清楚吊装方法、注意事项、自己岗位职责等，技术交底要有交底人和被交底人的签字。

⑤在吊装现场，用彩带拦出警戒区，吊装时禁止入内。

⑥正式吊装前都要经过试吊，证明没有问题后方可正式吊装。

⑦吊装时主管工程师、安全员要旁站监督指导。

⑧安全员要检查每一项安全措施的落实情况，记录在案。

※例如针对在密封的容器内存在窒息、焊接烟气污染、弧光污染、触电等环境问题和安全危险制定的预防措施是：

①在容器的顶部或底部安装轴流风机，使容器内的空气保持流通。

②进入容器内工作的焊工和其他人员都要佩戴电焊帽或护目镜，穿绝缘鞋。

③容器内的照明要采用安全电压防护罩灯，所有临时电缆电线、焊机把线都必须完好。

④如果容器内需要立体交叉作业，要搭设隔离层，防止物体打击。

⑤上述工作由班组长检查，全部合格后方可入内施工，检查结果要有记录并保存。

※针对节能降耗项目中施工节约用水的措施是：

由于本工程大型容器很多，试验用水量很大，项目部认为节约试验用水是一个潜力很大的节能项目，所以制定的节约用水的措施是：

①在实验前将需要试验的容器用高压水冲洗干净，用以保证试验用水的清洁度；

②首先试验用水量大的容器，试验完成后用临时清水泵和软管（消防水软管）导入另一个需要试验的容器进行试验，如此反复，一水多用；

③最后的试验用水还可以用做施工用水、清洗地面用水等。

实践证明这种方法切实可行，既节约了大量水源，费用又没有增加。

（5）制定职业健康、安全与环境应急预案

针对项目的具体情况，项目部制定的应急预案是：

1）成立以项目经理为组长、项目副经理和项目总工程师为副组长、各专业工程师及分包经理为组员的应急管理小组。其主要职责是：快速抢救事故受伤人员；采取紧急措施防止事态进一步扩大；对事故现场进行保护；报告事故；善后处理等。

下设抢救组、排除险情组、联络组、施工现场保护组、资源供应组。

2）可依托的社会力量和救援程序：可以依托的社会力量包括业主、附近的地级三甲医院、消防队、供电公司、环保局等；救援程序是：抢救伤员——排除险情——现场保护——报告事故。这些程序由专门小组完成。

3）内部外部信息交流的方式和程序：联系方式为电话联系，要和相关单位确定联系人和备用联系人，并确定可能发生事故的语言表达方式，确定后要进行演练。

4）紧急状态的识别及事故发生时应采取的措施：风险管理小组首先要组织相关人员进行施工现场的紧急状态的识别，确定重大危险源和重大环境因素；针对识别出的重大危险源和重大环境因素制定事故发生时的应对措施；应对措施要通过培训的方式贯彻到专业小组和每个相关施工人员；定期进行演练。

5）应急避险的行动程序：规定各重大风险源发生时的避险方法；规定各施工场所的紧急疏散通道并做出明显标示；规定各场所紧急避险的行动指挥负责人。

6）相关人员的应急培训程序：对于项目部制定的应急预案及各项预防措施，要通过培训的方式贯彻到各专业小组和各相关人员。尤其是抢救伤员的方法、排除险情的方法、现场保护的方法、紧急避险的程序等，相关人员必须掌握并进行定期演练。

（6）对分包队伍职业健康、安全与环境管理

1）分包合同规定，分包工程的进度、质量、职业健康、安全与环境管理完全纳入总包单位的管理体系，接受总包单位的监督与管理。

2）分包单位对于本单位的职业健康、安全与环境管理除执行总包单位的规定外，还要针对自己单位的特点，制定自己的防护措施，经总包单位批准后执行；分包单位要有专人负责管理。

3）总包单位向每一个分包单位派驻一名专业工程师，负责技术指导和进度、质量、职业健康、安全与环境方面的协调、检查与监督。

（7）职业健康、安全与环境检查及预防措施的落实：

1）落实预防措施：要首先落实针对识别出的危险源和环境因素制定的预防措施，安全员要一项一项地检查。对于没有落实到位的，要限期落实并不得在存在危险的地方施工。例如安全员发现燃烧炉高空焊接处规定要设置安全网，但施工单位没有及时设置，安全员立即开出整改通知要求马上改正，在改正前不得施工。

2）职业健康、安全与环境检查

安全检查分为巡检、周检和月检。

巡检就是安全员每天都要对所有施工现场进行检查，发现不安全因素立即通知排除。

周检是项目部安全员组织各工段、各施工单位的安全员（包括兼职安全员）每周进行联合检查，一方面检查危险因素和环境管理，对存在的问题限期解决；另一方面对各单位的职业健康、安全与环境管理的状况进行评比，评比采用打分的方法。

月检由项目经理负责组织，各施工单位负责人、安全员等参加，必要时请业主代表参加。检查的内容包括：施工现场的职业健康、安全与环境管理情况；专项资金使用情况、各项措施的落实情况、各项管理记录、专业人员配备情况等。对上述各项检查内容要打分，最后评选出本月最好和最差单位，进行奖励和处罚。

检查采用检查表的方法。每次检查和评选的记录都要保存，最后归档。

3）严格奖惩制度

项目部规定了严格的、详细的职业健康、安全与环境管理的奖罚措施，同时界定了各级管理人员的权限。日常检查出的不安全问题由安全员负责处罚，其罚款权限在1000元以内。例如安全员发现一个进入现场不戴安全帽的，开出罚款单，罚款50元，由本人当天交到项目部财务组。处罚相关单位1000元以上的，由安全员提出意见，由项目经理或副经理批准后实施。例如经过某月检查，A机电安装公司被评为先进单位，项目部奖励2000元；B公司某月出现重伤事故，对单位罚款5000元，对项目部相关责任人分别罚款300至500元。

（8）事故的分析与处理

B机电安装工程公司在储浆塔的防腐和保温工程中，在给储浆塔刷防锈漆时，采用自制简易吊篮，吊篮由卷扬机牵引，卷扬机由专人操作。

在吊篮自上而下运动过程中，在距离地面5m左右的位置，吊篮底部被脚手架管头挂住，可卷扬机继续下行，结果将刷漆人从吊篮口倒出，摔到地上成重伤。而操作工具还挂在吊篮内。

事故发生后，项目部马上启动应急预案，将受伤的工人立即送往医院救治；将还在吊篮里的操作工具弄下来，以免继续伤人；同时将现场周围拉起了隔离绳，派专人看护，保护好事故现场；B公司和总包项目部分别向自己的上级报告了事故情况。

事故发生后，立即成立了事故调查组。此次事故由B机电公司负责人或其指定人员组织生产、技术、安全等有关人员以及工会成员参加的事故调查组，进行调查、处理。总承包单位参与调查，协助处理。

事故调查组首先勘察了事故现场，进行了调查和拍照，结果发现：卷扬机操作人员是刚从非标槽罐制作现场调过来的，对卷扬机操作一知半解；吊篮是自己现场焊接的简易吊篮，不是标准吊篮；操作人员没有系安全绳；剩余脚手架没有拆除干净，不具备吊篮施工条件。

接着，调查组调阅了项目部和B公司施工现场的安全管理记录，发现B公司没有对刷漆人员和开卷扬机人员进行安全培训和安全技术交底的记录；项目部也没有对B公司防腐保温工程安全检查记录，项目部的其他安全管理记录齐全。

经过现场勘查和查阅资料，调查组对事故原因分析如下：

①简易吊篮不符合安全要求，一般正规吊篮的升降由施工人员自己操作，并系有安全绳，不会发生类似问题。

②施工环境不符合安全要求，有吊篮工作的场合应该将障碍物拆除干净。

③没有进行安全技术交底，对卷扬机操作人员没有进行培训和考核。

④卷扬机操作人员的不安全行为——工作马虎、不负责任是造成事故的直接原因。

⑤B机电公司项目经理和主管安全负责人决定使用简易吊篮，没有对操作人员培训和安全教育，而且在不具备使用吊篮的情况下就让使用简易吊篮施工，对事故负有直接领导责任。

⑥总承包单位负责防腐保温的工长（施工员）及项目部的分承包方对此次事故负领导责任。他应该针对工程施工特点，向分承包方进行书面安全技术交底，交底人和被交底人履行签字确认手续，并对规程、措施、交底要求的执行情况进行检查，随时纠正违章

作业。

⑦项目部安全员没有及时发现不安全因素，没有及时制止，负有安全检查不到位责任。

调查组随即编制了事故调查报告，提出了对责任人的处理建议。

总承包单位就此事在全工地进行了一次普遍的安全教育，对有关责任人进行了批评和处罚。B公司对项目责任人和相关人员也进行了处罚，对受伤人员进行了治疗和妥善处理。

（9）节能减耗措施

项目部在施工组织设计中，要专门制定能源、资源节约的措施，如节约用电措施、节约用水措施、材料节约措施等。例如，大型储罐试漏、试压用水量很大，应制定重复使用的措施等。

2.6　机电安装工程现场管理

机电工程施工现场管理涉及内容复杂、涉及人员众多、涉及部门和单位广泛，是项目经理部综合管理能力和沟通协调能力最集中的表现过程。

2.6.1　机电安装工程施工现场管理的内部沟通与协调

1. 内部沟通协调的主要对象和目的

（1）内部沟通协调的主要对象

项目经理部所设置的各个部门，例如工程管理部门、质量安全监督部门、人力资源管理部门、材料设备管理部门、财务部门、总务及保卫部门等；各专业施工队、工段、班组；各专业分包队伍。

（2）内部沟通协调的目的

通报信息，随时掌握工程进展的全面情况；及时发现并解决现场需协调解决的问题；调整部署下一步的施工任务；协调人际关系，及时消除矛盾与分歧，使项目部成为统一指挥、统一部署、团结和谐、协调发展的有战斗力的团队。

2. 内部沟通协调的主要内容

（1）施工进度计划的协调

1）施工进度计划的协调工作应包括进度计划摸底编排、组织实施、计划检查、计划调整四个环节的循环。

2）进度计划的协调，包含各专业施工活动。因此，施工进度计划的编制和实施中，各专业之间的搭接关系和接口的进度安排，计划实施中相互间协调与配合，工作面交换甚至交叉作业，工序衔接，各专业管线的综合布置等，都应通过内部协调沟通，从而达到高效有序，确保施工进度目标的实现。

（2）施工生产资源的协调

包括人力资源的协调；施工用材料的协调；施工机具的协调与沟通；使用资金的协调与沟通等。

（3）工程质量的协调与沟通

包括工程质量的定期通报及奖惩；质量标准产生异议时的协调与沟通；质量让步处理及返工的协调；组织现场样板工程的参观学习及问题工程的现场评议；质量过程的沟通与协调。

（4）施工安全与卫生及环境管理的协调

包括安全通道的建立及垃圾分类堆放；管理情况的定期通报与奖惩；违规违章作业；隐患监督整改；环境卫生教育、体检等。

3. 内部沟通协调的主要方法和形式

定期召开协调会外，还应充分利用下列的方法和形式加强内部沟通：不定期的部门会议或专业会议及座谈会；利用巡检深入班组随时交流与沟通；定期通报现场信息；内部参观典型案例并发动评议；利用工地宣传工具与员工沟通等。

2.6.2　机电安装工程现场管理的外部沟通与协调

1. 外部沟通协调的主要对象

（1）施工现场相关单位

业主（建设单位）、土建单位、其他安装承包商、设计单位、监理单位等。

（2）地方相关单位

当地政府、当地政府相关部门如交通、金融、保险、环保、消防、公安、供水供电、通讯、卫生、税务、海关（若有引进的设备、材料）等及当地村民及居民。

（3）设备及材料的供货单位

2. 外部沟通协调的主要内容

（1）与建设单位的协调

包括现场临时设施；技术质量标准的对接，技术文件的传递程序；工程综合进度的协商与协调；业主资金的安排与施工方资金的使用；业主提供的设备、材料的交接、验收的操作程序；设备安装质量、重大设备安装方案的确定；合同变更、索赔、签证；现场突发事件的应急处理。

（2）与土建单位的协调与沟通

包括综合施工进度的平衡及进度的衔接与配合；交叉施工的协商与配合；吊装及运输机具、周转材料等相互就近使用的协调；重要设备基础，预埋件、吊装预留孔洞的相互支持与协调；土建施工质量问题的反馈及处理意见的协商；土建工程交付安装时的验收与交接。

（3）与设计单位的沟通与协调

包括交图顺序及日期的协调；设计交底与存在问题的及时反馈；设计变更的处理；技术和质量标准存在异议时的协商与沟通；质量让步处理时的协商与沟通；材料代用的协商与沟通；施工中新材料、新技术应用的协商与沟通。

（4）与现场工程监理的协调与沟通：

包括了解监理工程师的任务与权力；认真执行监理工程师的指示；严格履行监理工程师的决定；与监理工程师（或委托代表）保持密切联系，随时沟通现场施工中的进度、质量、安全及现场变更、发生的费用，随时征求他们对施工中的意见，并随时按监理工程师意见修正，以取得监理工程师的信任；

（5）与设备材料的供货单位沟通协调

包括交货顺序与交货期；批量材料订购价格；设备或材料质量；相关技术文件、出厂验收资料；现场技术指导等。

（6）与地方相关单位的沟通与协调

与当地政府相关部门如：交通部门、安全、环境、卫生、劳动、水电、税务等部门，以及保险公司、金融机构、海关、社会治安等单位，保持良好关系，取得支持。了解地方法规、费用等情况，发生问题及时协调处理。

3. 外部沟通的主要方法

包括：走出去、多拜访；请进来、多留客；开展多种多样的社交活动。

2.6.3 机电工程现场环境保护措施

2.6.3.1 施工现场重要环境因素的识别

1. 水污染源的分析与识别

（1）生活污水：包括食堂、浴池、厕所的污水等。

（2）施工现场污水：清洗后的化学污水、搅拌站污水及雨后与现场垃圾混合的垃圾污水、洗车后的油水混合污水等。

2. 大气污染源分析与识别：

现场粉尘；机动施工机械尾气；有毒有害气体等。

3. 土壤污染源的分析与识别：

废油及其有毒有害液体的洒落；铁锈等。

4. 噪声污染源的分析与识别：

施工机械的机器声：打桩机、空压机、风机、电锯等；施工中的撞击声：如槌机声、喷砂时砂与金属的碰撞声等。

5. 光污染源的分析与识别：

夜间照明的灯光；电焊工作的电弧光等。

6. 固体废弃物

固体废弃物属于综合污染源，有毒有害气味污染大气，流入河流污染水，混入大地污染土壤。

7. 资源和能源浪费的分析与识别：

水资源的浪费；油类的浪费；电的浪费。

2.6.3.2 环境保护措施

1. 环境保护措施的制定

（1）对确定的重要环境因素制定目标、指标及管理方案。

（2）明确关键岗位人员和管理人员的职责。

（3）建立施工现场对环境保护的制度管理。

（4）按照 ISO14000 标准要求实施对重要环境因素的预防和控制。

（5）易燃、易爆及有毒有害化学品危险品的管理。

（6）废弃物，特别是有毒有害及危险品包装品等固体、液体的管理与处理。

（7）节能消耗管理。

(8) 应急准备与相应的管理制度。

(9) 对工程分包方及相关方提出保护环境行为的要求和控制措施。

(10) 对物资供应方提出保护环境行为的要求。

2. 现场环境保护措施的落实

(1) 提高全员的环境保护意识，普及环境保护知识及相关法律法规。

(2) 制定落实环境保护措施的相关规定。

(3) 利用社会资源进行监督。

(4) 施工全过程各个环节的落实。

1) 施工中的每个环节，除进行质量、技术、安全交底外，应对该环节确定的重要环境因素进行分析和交底，提前采取必要措施。

2) 对一些重要环境因素实施施工全过程监控，如噪声、污水、废气排放等。

2.6.4 机电工程施工现场文明施工管理

2.6.4.1 施工现场安全绿色通道建立的措施

(1) 场区主马路划出人行道标识。

(2) 消防通道必须建成环形或足以能满足消防车调头，且宽度不小于 3.5m。

(3) 所有施工场点标识出人行通道并用隔离布带隔离。

(4) 所有临时楼梯必须按规定要求制作安装，两边扶手用安全网拦护。

(5) 2m 高以上平台必须随时安装护栏。

(6) 所有吊装区必须设立警戒线，并用隔离布带隔离，标识明确。

(7) 所有主要作业必须挂安全网，做安全护栏，靠人行道和马路一侧要全网封闭。

2.6.4.2 施工材料管理措施

(1) 库房内的施工材料和工具应根据不同特点、性质、用途规范布置和码放，并严格执行码放整齐、限宽限高、上架入箱、规格分类、挂牌标识等规定。

(2) 并保持库房内干燥、清洁、通风良好。

(3) 易燃易爆及有毒有害物品按规定距离单独存放并远离生活区和施工区，并严格隔离、专人严格管理。

(4) 材料堆场应场地平整，并尽可能做硬化处理，排水及道路畅通；钢材以规格、型号、种类分别整齐码放在垫木上，并与土壤隔离；标识醒目清楚；防雨设施到位，堆场清洁卫生。

(5) 配备消防器材。

2.6.4.3 施工机具的管理措施

(1) 手动施工机具（如导链、千斤顶等）和静止型施工机具（如卷扬机、电焊机等），出库前保养好后应整齐排放在室内。

(2) 机动车辆（如吊车、汽车、叉车、挖掘机、装载机等）应整齐排放在规划的停车场内，不得随意停放或侵占道路。

(3) 机动车辆实施一人一机，每天进行日检保养，确保施工安全及外观清洁。

(4) 进入现场的施工机具也要指定专人定期保养维护，确保性能安全可靠、外观清洁卫生，集中排放的施工机具如电焊机等要排放整齐、安全可靠。

2.6.4.4　施工现场临时用电管理措施

施工现场临时用电除了严格执行建设部颁发的《施工现场临时用电安全技术规范》（JGJ46—2005）确保临时用电安全外，从文明施工方面重点应采取措施。

2.6.4.5　场容管理措施

场容管理内容包含入口、围墙、场内道路、材料设备堆场、办公室内环境。管理措施有：

（1）施工现场围挡，围挡的高度不低于1.8m，入口处均应设大门，并标明消防入口，为使大型设备进出方便，大门以设立电动折叠门为宜，并设有门卫室，并在大门处设置企业标志，主现场入口处应有标牌。

（2）建立文明施工责任制，划分区域，明确管理负责人，实行挂牌制。

（3）施工现场场地平整，道路坚实畅通，有排水措施。

（4）施工现场的临时设施，包括生产、生活、办公、库房、堆场、临时上下水管道及照明、动力线路等，严格按照施工组织设计确定的施工平面图布置，搭设和埋设整齐。

（5）施工地点和周围清洁整齐，做到随时清理，工完场清。

（6）严格成品保护措施，严禁损坏污染成品、堵塞管道。

（7）施工现场禁止随意堆放垃圾，应严格按照规划地点分类堆放，定期清理并按规定分别处理。

（8）施工材料和机具按规定地点堆放，并严格执行材料机具管理制度。

（9）按消防规定，生活区、办公区、库房、堆场、施工现场配备足够的消防器材和消火栓，并在上风口设置紧急出口。

2.6.4.6　现场管理人员及施工作业人员的行为管理

（1）制定措施，规范现场管理人员及施工作业人员的语言及行为。

（2）提高企业员工自身素质、构建企业内部和谐氛围。

（3）提高企业与外界单位的沟通水平与质量。

（4）提升企业外在形象。

2.6.5　某施工单位在我国西北部承建一军工厂不停产扩建工程协调案例

1. 背景

某施工总包单位在我国西北部承建了一军工厂不停产扩建工程，其60%的主要工程材料由业主提供，剩余40%的材料通过预付材料款的方式由总包单位自行采购和组织施工。为了按期完成该项建设任务，该总包单位将室外部分管廊上的管道分包给A专业施工单位安装，其中管道有一段通过禁火区；将新增高压管道的射线探伤作业分包给B专业探伤单位实施，此分包项目施工工艺复杂，质量和技术要求高，施工难度大，需要多专业、多工种交叉配合施工。工程开工前总承包单位召开了分包单位协调会，明确各单位的工作时间、竣工验收考核以及工程资料移交等事项。将室外要求条件高的管道焊接工作分包给了C专业焊接单位。施工过程中，A专业施工单位安装的管道通过禁火区时，其到总包单位申领动火作业证，并做了相应的其余安全防范工作，最终使各项工作顺利完成；B探伤单位在对新增高压管道进行射线探伤时，发生因射线作业引起生产中设备放射液位指示仪表报警。B探伤单位检测员工对此立即通知了业主单位负责人，最终使问题得到了解决；因外部气象环境突变，C 专业焊接单位所焊接的部分管道焊接质量没能通过验收，监理单位令其重焊，因工期推迟业主对其进行了罚款。C 专业焊接单位认为是不可抗力，对罚款不予接受。

2. 分析

（1）该工程协调类型：工程分包（区别于劳务分包）。协调管理的重点内容有：施工进度计划、业主提供材料分配、资金使用调拨、质量安全制度确立、竣工验收考核、竣工结算编制和工程资料移交等。

（2）A 分包单位在禁火区作业时的处理存在错误，不应向总包单位申领动火作业证，而是向生产厂安全管理部门申领动火作业证。主要的安全防范工作内容：要向生产厂安全管理部门申领动火作业证、要对作业处空气中爆炸或燃烧气体的含量进行定时定点实时检测，只有含量在许可范围内时，才允许动火作业，要在作业区配置专职安全人员进行监护，并配置相应的消防设施。

（3）对于设备放射液位指示仪表的报警，B 探伤单位检测员的通知是不正确的。理由是：依据协调管理的基本形式，一是总包方负责分包方管理的人员在现场、在作业面实时协调处理发现的事项；二是分包方在施工中发生必须协调处理的事项时，首先应及时向总承包方管理层或分包方管理人员汇报，总包方应立即专题协商并取得妥善处理，而不是直接向业主汇报。

（4）鉴于现有的背景环境，在我国西北地区室外焊接应考虑的影响因素主要有：温度、风沙、雪等。

（5）在焊接质量问题处理和认识上存在的不妥之处有：一是业主无权直接对 C 专业焊接单位进行罚款处理，其只能通过总包单位对 C 专业焊接单位进行处罚；二是 C 专业焊接单位认为气象环境突变为不可抗力是错误的，因为西北部温度、风沙、雪等的变化应是室外焊接事先就要考虑到的影响因素，并做好预防措施。

2.6.6 某安装公司承包一冶炼厂的改造及扩建工程现场管理案例

1. 背景

某安装公司总承包一中型冶炼厂的改造及扩建工程，由于施工场地比较狭窄，业主为施工单位在临老厂生活区的河边租用了一百亩农田作为某安装公司临时用地。安装公司在临时租用地内建了食堂、浴室和职工宿舍，在临老生活区安排钢结构制作场地和露天喷砂场地，在制作场地旁是露天钢材堆放场地，并安排了停车场、洗车台、修车厂，由于制作钢构和非标安排三班倒作业，夜晚灯火通明，场内有人流动，故临时场地未做围墙，只是用铁丝网与老生活区相隔。改造工程拆除的油毡、废沥青就地焚烧，固体废弃物运至厂外农田旁的坑内堆放，由于地处北方干旱地区，现场路面未作硬化处理，也未挖排水沟，地方政府环保部门来厂检查工作时，正值拆迁和钢结构制作高峰，看到现场的情况遂下令停工整改。

2. 分析

（1）本项目环境影响的因素分析与评价

1）对水的污染：

①因临建场地在河流旁，食堂、浴室、厕所、洗车或修车后的污水易直接流入河流；

②施工现场无排水沟，更无污水处理措施，若下雨，垃圾污水混同雨水也会流入河中。

2）对大气的污染

①废油毡、废沥青的燃烧会产生有毒有害气体排放在大气中；

②路面未作硬化处理，产生的粉尘；

③露天喷砂产生的粉尘，况且旁边是老生活区的居民。

3）对土壤的污染

①露天钢材堆场、露天制作场及露天喷砂场的钢材铁锈冲落后污染租用的农田；

②洗车后、修车后的废油、废水污染土壤。

4）噪声

由于三班作业，喷砂作业和钢构制作产生的噪声会对老生活区居民产生影响，尤其是夜间。

5）光污染

夜间钢结构制作、电焊的弧光及夜间照明会对老生活区居民产生光污染。

6）固体废弃物

固体废弃物产生的垃圾污染是一个综合污染源，它的漂浮物及异味污染大气，堆放场地不合理污染土壤，雨后冲入河流或渗入地内造成水污染。

7）资源和能源浪费

①洗车后的水一次流失造成水资源的浪费；

②夜间灯火通明造成电的浪费。

8）根据以上分析应制定有针对性的措施并加以落实。

（2）本项目环境影响的因素有：

①水污染；②大气污染；③土壤污染；④噪声污染；⑤光污染；⑥固体废弃物；⑦资源和能源的浪费。

（3）针对本项目应制定的环境保护措施

1）治理水污染源的措施：食堂、浴室等产生污水的设施撤离到与河流较远的地方；现场道路旁及必要场地修建排水沟；污水必须经净化处理后方可排放，如购建临时污水处理设施或与老厂排污管沟通统一处理。

2）治理大气污染源的措施：立即停止废油毡、废沥青的焚烧；道路路面做硬化处理，并要经常洒水防尘；喷砂场地应采取粉尘隔离措施，如搭建隔离棚等。

3）土壤污染的治理措施：所有钢材的露天堆放和作业场地，要把钢材与地面隔离，如采用隔离布等；在修车台修车时，一方面要采用隔离措施，防止废油直接落入大地，同时要采用回收措施，处理后再利用避免浪费。

4）噪声及光污染源的治理措施：喷砂场地及制作场地搬到远离居民居住的地方；采取隔声和遮光措施；停止夜间施工。

5）垃圾污染源的治理措施：实施固体垃圾分类存放；固体废弃物要定期清理并运至垃圾处理站统一处理，严禁将废弃物用作土方回填；垃圾在运输过程中要密封，以防泄漏、洒落，造成土壤、大气和水的污染。

6）节约资源能源的措施：洗车场应建立沉淀池，循环利用水资源；随时检查水管、水龙头的完好状况并及时修理；可回收利用的材料，尽可能回收利用，如废油、废钢材等；节约用电。

7）综合环境管理措施的制定：制定实施目标、指标及管理方案；明确关键岗位人员和管理人员的职责；建立施工现场对环境保护的管理制度；建立应急准备及响应等的管理制度；对工程分包方及施工现场相关单位提出控制措施和要求；对本企业相关部门分别提出针对性环保要求和措施，尤其对有毒有害、易燃易爆物品，从采购、运输、保管、使用制定一系列措施。

（4）环境保护措施的落实

提高全员环境保护意识及学习相关专业的法律法规知识；制定落实相关环境保护措施的相关规定；利用社会资源进行监督和控制；施工全过程各个环节的控制和跟踪。

2.7 机电安装工程人力资源管理

2.7.1 机电安装工程项目人力资源管理的要求

1. 机电工程人力资源管理内容及要求

人力资源管理的内容有施工管理人员、作业人员的管理，明确项目施工管理人员责任，发挥每一个作业人员的工作积极性，提高劳动生产效率。施工人力资源管理的重点是劳务分包队伍的管理和劳动力的动态管理。

担任工程施工的项目经理必须有建造师执业资格，进入施工现场的施工员、质量员、安全员、材料员等均需经过岗位资格培训，取得证书后才能上岗施工管理。

进入施工现场的安装电工、电焊工、起重工等工种均需经过上岗操作技术培训，并考试合格后持证作业。施工现场的设备、工业管道焊工及锅炉压力容器焊工均需培训考试合格后持证作业。

劳动力的动态管理是指根据施工任务和施工条件变化时，对劳动力进行协调平衡，以解决劳动力配置与进度计划失衡，与施工技术要求脱节的动态过程。

劳动力管理以劳务合同为依据，允许劳动力在企业内作合理的流动，充分调动作业人员的积极性。依据进度计划合理调度劳动力，使劳动力达到动态平衡，优化劳动力组合，满足施工需求。

2. 机电工程施工现场项目部主要管理人员的配备及职责

施工现场项目部主要管理人员的配备应根据工程项目大小和具体情况而定。工程项目部负责人是项目经理，项目经理必须具有建造师执业资格。项目部的管理人员有施工员、质量员、安全员、材料员和资料员等，并且必须持证上岗。

（1）项目经理（注册建造师）认真执行国家的法律、法规、规范、标准；组织制定项目管理目标；建立并实施项目质量管理体系、满足业主的期望和需要。组织项目部人员参加施工交底；负责编制项目施工过程中的各种资源计划；组织施工图会审、施工方案和质量计划的编制；负责项目在全方位、全过程施工中，指导检查项目部所有管理人员认真执行各自的管理职责。

（2）施工员具体执行与工程项目有关的施工验收规范和合同规定的技术要求、参加施工图纸会审、设计交底工作；参与编制施工组织设计、施工方案和质量计划等技术文件，负责向施工班组技术交底；签发和结算施工任务书；及时解决本专业施工中出现的问题；负责工程按质量计划组织施工，具体实施设备开箱验收、安装施工、质量控制、交工验收等工作，并形成质量记录；在工程结束后及时做好有关的施工验收及资料整理。

（3）质量员执行质量技术标准、规范，不断提高施工质量水平。针对项目的特殊要求，参与施工组织设计、施工方案及质量计划中有关的质量要求提供对策，提供质量检验和试验计划方案，报上级审核。根据工程施工状况，负责工序质量审核，监督和禁止不合格计量器具流入施工现场使用。对施工质量进行控制，参与项目施工过程各关键工序的检验，做好分部分项验收工作。检查项目施工记录的同步性和准确性，配合项目经理开展各类质量改进活动。

（4）安全员负责施工现场的安全管理和对施工作业人员的安全教育。定期对本项目作业人员进行常规和针对性的安全、消防教育和宣传。负责编写施工组织设计中的各项安全技术措施，参与安全设施、施工用电、施工机械的验收。督促项目体组织实施各项安全、防火、创文明工地工作。认真检查施工中安全、消防措施的落实，消除安全隐患，保障项目施工安全。

（5）材料员负责材料按计划供应，根据施工预算和进度计划，负责编制材料需用计划和办理工程需用材料的采购；组织设备的开箱检查和质量验收记录的填写；负责材料问题的联系处理；负责办理材料的机械性能与理化试验的委托；协助搞好材料仓库的设置，材料堆放和管理；负责办理项目所需材料的运输搬运；负责材料质量记录的整理保存；根据分包合同规定和范围，对分包方物质供应及实施管理和监督检查。

（6）资料员负责项目部施工图和文件资料的收发管理，负责工程施工资料的收集、整理、编目、立卷与装订送审。负责上级有关文件资料在项目部的传阅并及时收回。

3. 劳务分包管理

项目部负责工程分包的申请和分包合同的履约管理。根据分包合同的要求，对分包方的施工进度、质量、安全、文明施工等实施管理。分包方如不能按合同规定履约时，项目部应责成分包方及时调整，以满足分包合同规定的要求。

根据工程实际情况，拟定分包工程的内容、范围和方式。对于工程的再分包不能减少或免除分包单位应承担的合同义务。

签订分包合同前，对劳务分包的资质、业绩和能力等进行审查，签订合同后，方可进入施工现场。劳务分包队伍应纳入项目管理中，在管理制度上对分包队伍进行控制，确保工程质量、进度和施工安全。

不符合安全要求的劳务公司坚决不能分包，对于施工过程中安全管理混乱和发生事故的劳务公司施行一票否决，并坚决给予辞退。符合安全要求的劳务公司也要实行安全与经济效益挂钩。通过形式多样的培训教育，提高劳务外包队伍自身能力，使劳务分包队伍的安全、质量、文明施工等意识得到提升。

4. 机电工程特种作业人员和特种设备人员用工要求

在机电工程施工作业中，有两类特殊作业人员，即特种作业人员和特种设备作业人员；这些人员都要按规定进行专业技术培训，并通过基础理论和实际操作考试合格后，取得相应操作证书。资格证到期后均需按规定参加复训、考核换证。

为满足机电工程安装的需求，必须加强对特殊作业人员的培训、考核、上岗和档案的管理，以保持施工中特殊作业人员的符合性和有效性。

（1）特种作业人员要求

特种作业是指容易发生人员伤亡事故，对操作者本人、他人及周围设施的安全可能造成重大危害的作业。直接从事特种作业的人员称为特种作业人员。国家安全生产监督机构规定的特种作业人员中，机电安装施工中有焊工、起重工、电工、场内运输工（叉车工）、架子工等。

特种作业人员必须持证上岗。特种作业操作证每3年复审1次。离开特种作业岗位达6个月以上的特种作业人员，应当重新进行实际操作考核，经确认合格后方可上岗作业。

（2）特种设备作业人员要求

根据国家质量监督检验检疫总局颁发的《特种设备作业人员监督管理办法》规定，特种设备作业人员是指锅炉、压力容器（含气瓶）、压力管道、电梯、起重机械、客运索道、大型游乐设施、场（厂）内机动车辆等特种设备的作业人员及其相关管理人员。在机电安装施工中，主要指的是从事上述设备制造和安装的施工人员，如焊工、探伤工、司炉工、水处理工等。

锅炉、压力容器及压力管道的焊接工作，应由持有相应类别和项目的"锅炉压力容器压力管道焊工合格证书"的焊工担任；焊工合格证（含合格项目）有效期为3年；持有"锅炉压力容器压力管道焊工合格证书"的焊工，中断受监察设备焊接作业六个月以上的，再从事受监察设备焊接工作时，必须重新考试。

（3）无损检测人员的要求

无损检测人员的级别分为：Ⅰ级（初级）、Ⅱ级（中级）、Ⅲ级（高级）。

Ⅰ级人员可进行无损检测操作，记录检测数据，整理检测资料。

Ⅱ级人员可编制一般的无损检测程序，并按检测工艺独立进行检测操作，评定检测结果，签发检测报告。

Ⅲ级人员可根据标准编制无损检测工艺，审核或签发检测报告，解释检测结果，仲裁Ⅱ级人员对检测结论的技术争议。

从事无损检测的人员，必须经资格考核，取得相应的资格证，资格证书有效期为5年。持证人员只能从事与其资格证级别、方法相对应的无损检测工作。

特殊作业人员是施工企业重要的特殊人力资源，施工单位应制定特殊作业人员培训计划，特殊作业人员的培训和考试，特殊作业人员上岗证件的办理，特殊作业人员档案管理。特殊作业人员的工种和数量应根据企业从事特种产品、特殊作业、工程规模、相关法规文件的规定和现有状态进行配置。

2.7.2 某机电安装工程分包与协调管理案例

1. 工程概况

（1）工程简介

本工程总建筑面积为260000m²，其中地上建筑面积140000m²（一幢30层办公楼建筑面积为110000m²及一层～四层的商业建筑面积为30000m²），地下四层建筑面积为120000m²（地下一二层为商业功能及设备用房，地下三四层为车库用途）。

（2）主要工程内容

电气工程：变配电工程、室内配电干线、室内动力及照明工程、母线槽，防雷及接地工程、柴油发电机组、室外景观照明。

给水排水工程：生活给水、污水雨水排水、卫生洁具等。

通风与空调工程：冷冻机组、冷却塔、热泵、空调机组、风管等。

（3）本工程的机电工作量大，机电工程施工时受建筑、装饰、幕墙、外配套、指定分包和供应等单位的多方制约，影响因素多，进度控制相当困难。因此要优质、高效、安全、顺利的按期竣工，难度很大，这对整个机电工程的施工组织管理提出了很高的要求。

2. 分包管理

鉴于劳动力市场紧缺，建筑安装施工的用工尤为紧张。在准确预测工程用工的基础上，明确各分包不同阶段的用工人数，通过项目部来协调各分包单位的实际提供用工的能力，确保施工中劳动力的有效供给。

合理安排保证施工进度，完善施工进度及施工人员安排，务必做到错峰施工，减少或消除突击施工现象，尽量使施工一直处于常态管理之中。

对施工区域合理划分，让分包单位分块施工，高峰时形成一定的竞争上岗机制，谁的施工质量好进度快，谁就可以多接工作量，以保证工程顺利施工。

在独立上岗作业前，必须进行与本工种的安全技术理论学习和实际操作训练，具备相应工种的安全技术知识，参加国家规定的安全技术理论和实际操作考核并成绩合格，取得特种作业操作证。

从事现场管道焊接的焊工，经过基本知识和操作技能考试合格，并取得相应项目的焊工合格证。焊接施工必须严格按焊接作业指导书的规定进行；焊接设备使用前必须进行安全性能与使用性能试验，不合格设备严禁进入施工现场；焊接过程中做好自检与互检工作，做好焊接质量的过程控制。

3. 施工协调内容

（1）与业主的协调

按照合同要求进行施工准备，严格履行合同中所规定的职责和义务，并在施工过程中全心全意为业主服务。参加施工协调会，及时了解业主的意图，以安排施工作业场地及施工进度。积极配合业主进行市政配套等工作，如供水、供电、供气、环保等配合工作。配合业主进行工程修改、方案确定、技术论证，从业主的角度出发，提出合理的施工建议，降低工程造价，以使用舒适、操作方便、便于维修的角度进行安装施工，为业主提供最好的服务。

购买设备材料时，提供设备材料清单及进场计划，并报送业主，做到让业主放心满意。使设备材料采购过程与工程施工能很好地衔接。

（2）与监理的协调

严格按照批准的施工组织设计和施工方案进行施工，并随时提交调整后的劳动力计划和进度计划等文件。

施工过程和设备材料接受监理工程师的检查，并提供一切便利。确保施工人员在现场服从监理工程师的检查监督，并及时答复监理工程师提出的关于施工的问题，并做好施工记录。

（3）与设计协调

参加图纸会审和设计交底，进行施工图深化，向设计单位书面提出施工图的疏漏缺陷、尺寸差异，及时报请设计单位确认后，按施工图进行施工。

（4）与建筑总包单位的协调配合

在施工过程中，服从总包管理，主动与总包协调，确保整个工程的顺利进行。根据总进度计划，有效的组织施工，确保工期、质量等管理目标的实现。配合总包，做好分部分项工程的资料工作，确保整个工程资料管理信息化。

安装配合土建预埋和预留时，应根据土建进度计划安排施工，预埋预留位置以土建的结构标高线和水平轴线为基准，按施工图进行预埋线管和预留孔洞，预埋和预留施工中，不能擅自割断结构钢筋，预埋结束后及时办好隐蔽工程验收手续。在预埋配合阶段，要根据工程单层面积大小，预埋和预留特点，派专人与土建单位协调，同时派技术熟练的施工人员进行预埋、预留施工。

与土建单位做好前后工序的交接工作，发现有问题及时向土建单位提出，尽量做到精确配合，以免在后期施工时才发现问题，造成工期和材料的损失。如在设备机房的施工时，要与土建单位共同商定施工方案和步骤，以免对对方已完成的产品造成破坏。

（5）与装饰单位的协调配合

与装饰配合时，积极做好工序安排，按施工图做好隐蔽工程验收，交付装饰单位。对有设备检查孔的地方，在装饰施工之前，用联络单的形式及时通知装饰单位，以便于装饰单位施工。装饰配合阶段，服从装修需要，施工工序的安排以装修为主。在配合墙面与地面时，及时了解墙面与地面的进度，把地下与墙中的工作量按时施工完毕，不影响装修进度。例如：在装修吊顶期间，水压试验、穿线等工作必须在吊顶封板前施工完毕。

与装潢施工单位的配合，及时掌握吊顶高度、水平基准线、墙身线，做好设备安装，确保设备的坐标、标高符合验收要求。根据装饰的进度要求，及时对设备进行检验与试验，使工程质量达标。如地漏安装时，应配合地砖施工同时进行，并与装饰单位一起做好成品保护，在竣工验收前不得损坏和使用。

（6）与弱电系统的协调配合

需要自动监控的机电工程一般先于弱电工程施工，因此在施工前主动与弱电工程承包商沟通，并提交一份机电工程的施工进度计划。同时对施工图纸进行共同会审，进而确立施工界面，就设备材料供应界面、技术接口界面、施工界面进行划分，使安装施工规范化和标准化，并在相应深化设计和合同中予以明确。

施工后期的主要工作为调试配合，对弱电系统所需要的电源及时提供，在配合调试中，对于弱电系统交叉施工中可能存在的问题及时整改。在施工后期加强成品保护，加强对施工人员的教育，尊重别人的劳动成果。

（7）与各种材料供应单位的关系协调

材料设备的订货采购工作，应选择信誉可靠、实力雄厚的供应商，并进行供应商评价。签订完善的合同，根据合同来履行材料的采购任务。制定应急措施，当发生某种材料不能按时到场的情况时，提前制定应急方案。

根据施工进度及时提供各种材料采购计划，做到按时合理，充分考虑厂商生产周期及进场时间的条件限制，特别是考虑其他生产任务可能对工厂生产资源的占用，应努力做到早计划、早安排、早落实，确保设备材料按计划运抵施工现场，避免影响工期。

编制材料供应计划进场时间表，所需材料根据施工进度与供应商落实进场时间，对需检验的材料还要留足够的检验周期。以确保材料供应及时，满足施工要求。

4. 施工机械、机具管理

项目部按施工规范、技术标准和施工进度计划提出项目的施工机具的配备计划，按设备的使用性能要求和特殊条件下的安全使用规定，做好现场的施工机械设备的准备工作，保证施工机械设备的正常使用。

施工过程中，对施工机械设备进行适当的维护，以满足现场施工生产的需要。机械设备操作人员和修理人员，应按机械设备维修保养及大修理管理规定的要求，做好设备的使用、例行保养和修理。在使用过程中发现故障，应及时保修；对损坏的设备，应及时向项目部汇报，以便及时派修理工进行维修和修理，并作好相应记录。

施工机械设备和电动工具使用完毕，项目部应及时办理撤场手续，并对撤场设备进行鉴定，做好善后工作。

项目部按施工规范、技术标准和施工进度计划提出项目的计量器具配备计划，督促和检查施工人员正确使用计量器具，做好施工记录，禁止不合格计量器具在现场使用。在计量器具使用过程中发现损坏或失准时，项目部应及时送计量中心修理和重新检定。

5. 分包安全管理

参加项目体组织的安全检查，发现隐患督促有关人员及时整改，负责处理违章违纪的有关单位、人员。及时向项目经理报告施工现场安全、消防工作情况和施工中应注意事项。检查班组安全、消防活动。定期组织班组安全、消防活动，每周检查班组安全、消防上岗记录。对施工现场发生的重大隐患在无法及时整改时，必须会同项目经理落实专职人员监控，直至整改完毕。

发生伤亡、火灾事故现场，抢救伤员，速向上级报告，视情况向有关部门报告，服从政府及上级有关部门指挥，提供现场各种证据，协调调查人员搞好事故调查、分析，提出预防事故的整改意见，协同有关部门落实"三不放过"工作，防止事故重复发生。事故处理结案后负责把全部资料汇总、上报、存档。

6. 分包的安全培训

针对近年来劳务工人流动性大，施工高峰时突增施工人员多，如何针对他们做好安全培训，将安全事故防患于未然，将环境与健康的施工理念深入人心，是安全培训工作中的难点与重点。

入场前的安全培训：主要从现场的安全须知、地方的法律法规、基本的安全规定来进行，一般在人员进场后的一天内组织。焊工、电工等必须做到持证上岗。

特定情况下的适时安全教育：比如季节变化时、节假日前后、特殊作业前、工种变换时、发现事故隐患或事故发生后。特殊作业前的培训，例如吊装、用电、脚手架、高处作业前。

经常性安全教育：经常性的安全教育将贯穿于施工全过程，并根据接受教育对象的不同特点，采取多种方法进行。比如安全操作教育，普及安全生产知识宣传教育或各种安全活动教育。每一类培训结束时，将对培训人员进行评定和测试，以确保他们都很好地接受了该项培训。如发生考试不合格，将再次进行培训，严重者退出申能能源中心项目。

职业健康与环境的教育：主要从维护从业人员健康安全角度出发，教育他们做好施工期间自身防护工作，如焊工操作时戴好面罩、穿防护服。为自己和他人创造维护良好施工现场环境，如不随地大小便，不在施工现场的脏乱环境下吃饭，到指定场所吸烟等。

绿色建筑环保理念：主要从节约用材，成品保护，节能节水等方面深入教育，建立适当的奖惩制度，提高作业人员的积极性。

2.7.3 某燃气热水锅炉安装案例

1. 燃气热水锅炉概况

某工程的给排水及暖通系统共采用三台燃气热水锅炉，其中两台燃气热水锅炉的额定热负荷为 2.8MW，额定出水压力为 1.0MPa，进出水温度为 70℃/90℃，锅炉外型尺寸为 4640mm×2280mm×2395mm，总重 9500kg；一台燃气热水锅炉的额定热负荷为 1.05MW，额定出水压力为 1.0MPa，进出水温度为 70℃/90℃，锅炉外形尺寸为 3925mm×1960mm×2098mm，总重 4630kg。锅炉安装于室外锅炉房内，三台锅炉热水送至分水器后，一路供地下一层热交换机房的两台半容积式热交换器，另一路供至地下二层江水源机房的三台板式热交换器，然后回水至集水器，回水经 6 台循环水泵回至锅炉。

2. 工程施工要求

工程开工前向技监局申报开工，批准后实施安装作业。锅炉的安装，经技监局指定的监检所人员按安全技术规范的要求进行监督检验。锅炉房竣工后必须通过技监局验收合格后方可投入使用。

锅炉安装要突出重点，抓好施工要点，做好安装前的准备工作。明确各专业施工人员职责，详细了解施工技术要求。编制好施工方案。落实设备到货日期。编制劳动力及机具需用计划。踏勘施工现场周围环境。落实施工作业人员及技术交底，落实施工现场有关安全、消防等临时设施。

3. 锅炉安装施工

项目部的施工管理人员应加强现场的技术指导和施工管理，抓好现场施工工艺搭接、劳动力使用、机具和材料的组织等工作，改善施工环境，均衡安排施工，减少高峰及缩短高峰时间，提高工效，做到文明施工。

增强作业人员的质量意识，确保工程一次合格，加快技术核定工作，减少等工，杜绝质量返修事故，创建优质工程，确保工程按时优质完成。

严格按照规范作业，锅炉安装必须依照《特种设备安全监察条例》，在施工前将拟进行的特种设备安装情况书面告知特种设备安全监督管理部门，告知后方可施工。锅炉冷态、本体试压、热态调试时，由特种设备监督机构派员到现场监督。

检查施工图纸和技术文件是否齐全，锅炉本体施工图是否具有安全监察机构审批标记；施工人员熟悉图纸和技术文件，了解设计意图和质量要求；根据施工现场与施工进度计划编制机具使用计划；根据工程总进度的要求编制锅炉施工进度计划；编制施工预算、施工方案，并根据预算做好备料准备工作；做好班组技术交底、安全措施交底工作。

作业人员必须办齐各类证件，符合规范用工的要求，特殊工种需具备特殊工种上岗证。参加锅炉房管道焊接的焊工，必须通过锅炉压力容器压力管道焊工考试合格，并持有锅炉压力容器及压力管道焊工合格证方能上岗。起重机驾驶员、起重工等必须持证上岗，严禁无证操作，并在进场前向项目部安全员提供操作证复印件。对作业人员按工种进行安全操作规程和施工方案中的安全技术交底，并做好交底记录。

施工现场应设专职安全员，特别对吊装、动火都要定点监护。各类登高设施要检查验收后方能使用。

锅炉吊装前做好施工交底及安全交底，参加吊装作业的全体人员必须遵守各项安全法规和制度，严格执行"十不吊"规范执行，认真执行专项吊装方案所列的安全技术措施。吊装时应严格根据吊装方案选择匹配的起重设备及机具，禁止超载吊装；大风和雨天等恶劣天气不得进行吊装作业。

正式吊装前应先进行试吊装，确认无误后，进行正式吊装；在吊装区域内严禁人员入内，起吊过程有专人指挥，统一行动，起重臂下严禁站人；非操作人员不得随便进入操作区域，操作人员应站在操作区内的安全部位。

锅炉本体水压试验技术准备，施工技术人员要认真熟悉图纸，查阅锅炉出厂随炉的技术资料，认真做好水压试验前的技术和安全交底工作。水压试验是关键工序，因此应事先告知业主、监理和监检机构使他们派员按时到现场参加水压试验。

4. 劳动力需用计划及峰值图

燃气热水锅炉安装的计划开工日期是 10 月，计划竣工日期为当年 12 月。劳动力需用计划见表 2-2，峰值图见图 2-3。

劳动力计划表　　　表 2-2			
月份 ＼ 工种	10 月份	11 月份	12 月份
管道工	6	8	8
电焊工	3	4	4
钳工	6	8	8
电工	2	4	4

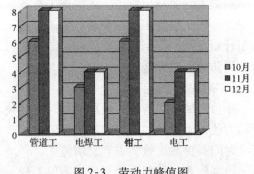

图 2-3　劳动力峰值图

【案例 8】某施工单位在承接的机电工程项目上劳动用工案例

1. 背景

某施工单位在所承接的机电工程项目上与某劳务公司签订了劳务分包合同，约定该劳务公司安排 40 名农民工做力工，进行基础地基处理和材料搬运工作。进场前进行了安全教育。

地基工程结束后，由于工艺设备吊装作业劳动力不足，项目部从 40 名农民工中抽调 10 名和 1 名持有特种作业操作证的起重工（脱产担任项目工程调度员 8 个月），充实到起重机械作业班组，配合起重吊装操作。然后再从余下 30 人中挑选 12 名体力好的青年到架子班进行脚手架搭设作业。项目安全员提出起重吊装和脚手架搭设属于特种作业，这 22 名力工没有特种作业操作证，不具备作业资格，不能从事这两项作业。但项目部主管施工的副经理认为这些力工从事的是辅助性工作，仍然坚持上述人员的调配。

在作业中，1 名搭设脚手架的力工从高处坠落，右腿骨折；配合起重机械作业的人员也发生了两起轻伤事故。

2. 分析

（1）施工中缺少 23 名作业人员违背了用工动态管理以进度计划与劳务合同为依据的原则。

（2）背景中的起重工和架子工是属于特种作业人员，理由是：起重工从事起重机械作业、架子工从事登高架设作业，均容易发生人员伤亡事故，对操作者本人、他人及周围设施的安全有重大危险。

（3）项目部副经理对力工安排新作业的做法是不正确的。原因是：其一，起重工和架子工属于特种作业人员；其二，根据特种作业人员规定，其必须持证上岗；其三，项目部副经理所安排的 22 名农民工既没有经过相应特种作业培训，也没有特种作业上岗资格证书。

（4）22 位力工若要从事起重和脚手架搭设作业，应具备的条件是：其一，参加国家规定的安全技术理论和实际操作考核并成绩合格，取得特种作业操作证；其二，在独立上岗作业前，必须进行与本工种相适应的、专门的安全技术理论学习和实际操作训练。

（5）已从事项目工程调度员 8 个月的起重工不能立即从事起重机械作业。理由是：其一，特种作业人员管理规定，离岗超过 6 个月，上岗前必须重新进行考核，合格后方可上岗作业；其二，该起重工虽有操作证，但其已经脱离起重岗位 8 个月。

第3章 注册建造师（机电工程）
执业管理规定及相关要求

3.1 注册建造师（机电工程）执业工程规模标准

建设部发布的"关于印发《注册建造师执业工程规模标准》（试行）的通知（建市〔2007〕171号）"中，对各专业注册建造师执业工程规模标准设定了工程类别、工程项目以及大、中、小型工程规模标准的界定项目、单位和数量等量化标准。

机电工程项目的工程规模标准分别按机电安装工程、石油化工工程、冶炼工程、电力工程四个专业系列设置。机电工程大、中、小型工程规模标准的指标，针对不同的工程项目特点，具体设置有建筑面积、工程造价、工程量、投资额、年产量等不同的界定指标。

注册建造师担任施工项目负责人时，依照规定，一级注册建造师可承担大、中、小型工程施工项目，二级注册建造师可以承担中、小型工程施工项目。机电工程专业二级注册建造师执业时，应按照所承担的机电工程不同专业的工程项目，对照《注册建造师执业工程规模标准》（试行）（建市〔2007〕171号）中的机电安装工程、石油化工专业、冶炼工程、电力工程等四个专业界定的各类中、小型工程规模标准去执行。

3.1.1 机电安装工程注册建造师执业工程规模标准

1. 机电安装工程的工程类别与工程项目划分

机电安装工程涉及的工程类别和工程项目非常多。《注册建造师执业工程规模标准》将机电安装工程分为12种不同的类别，包括：一般工业、民用、公用建设工程的机电安装工程，净化工程、动力站安装工程、起重设备安装工程、轻纺工业建设工程、工业炉窑安装工程、电子工程、环保工程、体育场馆工程、机械汽车制造工程、森林工业建设工程及其他相关专业机电安装工程等。

这12种类别的工程又分别包括不同的工程项目，例如：

（1）一般工业、民用、公用建设工程的机电安装工程又分机电安装、管道、通风空调、智能化、消防、自动控制、防腐保温、动力照明、变配电、非标设备制作安装等工程项目。

（2）净化工程又分为电子、医院、制药、生物、食品光电、精密机械工程项目。

（3）动力安装工程又分为锅炉房、热水交换站、氧气站、煤气站、制冷站等工程项目。

（4）起重设备安装工程又分为起重机安装与拆卸、电梯及索道大型游乐设施的安装与维修等工程项目。

（5）电子工程又分为电子自动化、电子机房、电子设备工程项目。

（6）环保工程又分为噪声、有害气体、粉尘、工业污水、废料综合处理、禽畜粪便沼气、厌氧生化处理池、烟气脱硫、医疗污水处理等工程项目。

（7）机械、汽车制造工业工程又分为机械设备安装、矿冶设备制造厂安装、工程机械部制造厂安装、通用设备制造厂安装、汽车、拖拉机、柴油机生产线等安装工程项目。

（8）轻纺工业建设工程又分为烟草制造、酿造、医药、饮料、手表、缝纫机、医疗器械、塑料制品工业、化纤、棉、毛纺织设备安装，印染、造纸、制糖、啤酒等设备安装工程项目。

2. 机电安装工程大、中、小型工程规模标准的界定指标

《注册建造师执业工程规模标准》（试行）中详细规定了机电安装工程大、中、小型工程规模标准的界定指标。机电安装工程规模标准见表 3-1 所示。

注册建造师执业的机电安装工程规模标准　　　　表 3-1

序号	工程类别	项目名称	单位	规　模			备　注
				大型	中型	小型	
1	一般工业、民用、公用建设工程	机电安装工程	万元	>1500	200～1500	<200	单项工程造价
		通风空调工程	万平方米	>2	1～2	<1	建筑面积
			万元	>1000	200～1000	<200	单位工程造价
			冷吨	>800	300～800	<300	空调制冷量
		建筑智能化工程	万元	>500	200～500	<200	单项工程造价
		消防工程	万平方米	>2	1～2	<1	含火灾报警及联动控制系统
		自动控制系统工程（有计算机集散系统）	台（套）	>30	10～30	<10	计算机或可编程控制器
		防腐保温工程	万元	>300	100～300	<100	单项工程造价
		非标设备制安工程	吨	>300	100～300	<100	工程量
		管道安装工程	万元	>1000	300～1000	<300	单项工程造价
				直径≥150毫米，且长度≥2000米	直径<150毫米，且长度<2000米		工程量
				直径≥1.0米，且长度≥5000米供水管道	直径<1.0米，且长度<5000米供水管道		工程量
			米	≥10000	<10000		工程量
		变配电站工程		电压10～35kV，且容量>5000kVA	电压10～35kV，且容量5000～1600kVA	电压10kV，且容量<1600kVA	工程规模
		电气动力照明工程	万元	≥1000	200～1000	<200	单项工程造价

序号	工程类别	项目名称	单位	规 模			备 注
				大型	中型	小型	
2	净化工程	电子、医院、制药、生物、食品光电、精密机械工程	万元	≥1000	<1000		单项工程造价
			级	≥4	<4		洁净等级
3	工业炉窑安装工程		吨	≥500	100~500	<100	单位工程砌筑或浇注各种耐火材料实物量
4	动力安装工程	锅炉房		压力>2.5MPa，且蒸发量≥75t/h	压力1.6~2.5Mpa，且蒸发量20~75t/h		锅炉额定容量
		热水交换站工程	万元	≥500	200~500		单项工程造价
		氧气站	立方米/小时	≥6000	3000~6000	<3000	制氧量
		煤气站、制冷站等	万元	≥500	200~500	<200	单项工程造价
5	起重设备安装工程	一般起重设备安装	千牛·米	≥1000	<1000		额定起重量
		起重机（或龙门起重机）安装或拆卸	吨	>100	50~100	<50	额定起重量
		电梯安装及维修工程		速度>2.5m/s，且台数≥4	速度>2.5m/s，且台数<4；或速度1~2.5m/s	速度≤1m/s	电梯运行速度及电梯数量
		索道、游乐设施安装工程	万元	>500	200~500	<200	单项工程造价
6	电子工程	电子自动化、电子机房、电子设备工程	万元	>800	200~800	<200	单项工程造价
7	环保工程	噪声、有害气体、粉尘、工业污水、废料综合处理	万元	>1000	500~1000	<500	单项工程造价
		禽、畜粪便沼气工程	立方米	>400	200~400	<200	单池容积
		厌氧生化处理池工程	立方米	>500	300~500	<300	单池容积
		烟气脱硫工程	燃煤锅炉蒸发量t/h	>35	20~35	<20	压力3.9MP
		医疗污水处理工程		高于二级乙等	二级乙等~一级甲等	低于一级甲等	医院等级

146

序号	工程类别	项目名称	单位	规模			备注
				大型	中型	小型	
8	体育场馆工程	体育场地机电安装工程	万元	>1000	200～1000	<200	单项工程造价
		高尔夫球场设施安装工程	公顷	≥55	<55		单项工程占地面积
			万元	≥3200	<3200		投资额
		体育场田径场地设施安装工程	万人	≥5	<5		容纳人数
			万元	≥1000	<1000		投资额
		体育馆设施安装工程	人	≥5000	<5000		容纳人数
		网球、篮球、排球场地设施安装工程	平方米	≥7000	<7000		场地合成面层
9	机械、汽车制造工业工程	机械设备安装工程	平方米	≥3000	<3000		单项工程投资
			万元	≥1000	<1000		主体工程单项造价
		矿冶设备制造厂安装工程	万吨	≥0.5	<0.5		年产量
		石油化工设备制造厂安装工程	万吨	≥0.5	<0.5		年产量
		工程机械部制造厂安装工程	万吨	≥0.5	<0.5		年产量
		通用设备制造厂安装工程	万元	≥3000	<3000		投资额
		汽车生产线安装工程	万辆	≥5	<5		汽车年产量
			千辆	≥1	<1		重型汽车年产量
10	轻纺工业建设工程	烟草制造、酿造、医药、饮料、手表、缝纫机、医疗器械、塑料制品工业等安装工程	万元	≥1000	500～1000	<500	单项工程造价
		化纤纺织设备安装工程	万元	≥1000	500～1000	<500	单项工程造价
		棉纺织设备安装工程	棉纺锭万枚	≥5	<5		生产规模
		……	……	……	……	……	……
11	森林工业工程	机电安装工程	万元	>2000	1000～2000	<1000	投资额
			万立方米	>15	10～15	<10	年产量
12	其他相关专业工程	机电安装工程	万元	3000	3000		投资额
			万元	>1000	500～1000		主体工程单项造价额

3.1.2 机电安装工程执业工程规模标准的应用实例

1. 在机电安装的通风空调工程中，单位工程造价≥1000万元，建筑面积≥2万平方米，空调制冷量≥800冷吨的为大型通风空调工程；单位工程造价200~1000万元，建筑面积1~2万平方米，空调制冷量300~800冷吨的为中型通风空调工程；单位工程造价<200万元，建筑面积<1万平方米，空调制冷量<300冷吨的为小型通风空调工程。

2. 一般工业、民用、公用建设工程的机电安装工程工程规模按照单项工程造价进行划分。单项工程造价200~1500万元的为中型项目；单项工程造价在200万元以下的为小型项目。

3.2 注册建造师（机电工程）施工管理签章文件目录

3.2.1 机电工程注册建造师填写签章文件的要求

1. 签章文件工程类别

机电工程的《注册建造师施工管理签章文件目录》分别按机电安装工程、石油化工工程、冶炼工程、电力工程设置《签章文件目录》，并包含了相关类别的工程，其中：机电安装工程共12个工程类别；石油化工工程共18个工程类别；冶炼工程共6个工程类别；电力工程共4个工程类别，与《注册建造师执业工程规模标准》中的工程类别设置相同。

2. 签章文件类别

机电安装工程、电力工程和冶炼工程的签章文件类别均分为7类管理文件，即：施工组织管理；施工进度管理；合同管理；质量管理；安全管理；现场环保文明施工管理；成本费用管理等。石油化工工程是6类，其中安全管理和现场环保文明施工管理，合并为一个类别。

各类的签章文件一般包含有下列文件：

（1）施工组织管理文件

图纸会审、设计变更联系单；施工组织设计报审表；主要施工方案、吊装方案、临电方案的报审表；劳动力计划表；特殊或特种作业人员资格审查表；关键或特殊过程人员资格审查表；工程开工报告；工程延期报告；工程停工报告；工程复工报告；工程竣工报告；工程交工验收报告；建设监理政府监管单位外部协调单位联系单；工程一切保险委托书。

（2）合同管理文件

分包单位资质报审表；工程分包合同；劳务分包合同；材料采购总计划表；工程设备采购总计划表；工程设备、关键材料招标书和中标书；合同变更和索赔申请报告。

（3）施工进度管理文件

总进度计划报批表；分部工程进度计划报批表；单位工程进度计划的报审表；分包工程进度计划批准表。

（4）质量管理文件

单位工程竣工验收报验表；单位（子单位）工程安全和功能检验资料核查及主要功能抽查记录；单位（子单位）工程观感质量检查记录表；主要隐蔽工程质量验收记录；单位和分部工程及隐蔽工程质量验收记录的签证与审核；单位工程质量预验（复验）收记录；单位工程质量验收记录；中间交工验收报告；质量事故调查处理报告；工程资料移交清单；工程质量保证书；工程试运行验收报告。

（5）安全管理文件

工程项目安全生产责任书；分包安全管理协议书；施工安全技术措施报审表；施工现场消防重点部位报审表；施工现场临时用电、用火申请书；大型施工机具检验、使用检查表；施工现场安全检查监督报告；安全事故应急预案、安全隐患通知书；施工现场安全事故上报、调查、处理报告。

（6）现场环保文明施工管理文件

施工环境保护措施及管理方案报审表；施工现场文明施工措施报批表。

石化工程安全与环境管理类的文件包括：HSE 作业计划书；HSE 作业指导书；重大风险作业方案审核；施工作业初始风险识别和评价报告；应急反应计划；人员伤亡事故记录表；一般（大）事故处理鉴定记录；固体废弃物处理许可或处理协议；污水/废液排放许可或处理协议；林木砍伐许可协议；河流大开挖穿越施工许可协议；水压试验取水、排水许可协议。

（7）成本费用管理文件

工程款支付报告；工程变更费用报告；费用索赔申请表；费用变更申请表；月工程进度款报告；工程经济纠纷处理备案表；阶段经济分析的审核；债权债务总表；有关的工程经济纠纷处理；竣工结算申报表；工程保险（人身、设备、运输等）申报表；工程结算审计表。

机电工程的 4 大专业体系共计 227 个签章文件。其中：

机电安装工程注册建造师施工管理签章文件 66 个；

电力工程注册建造师施工管理签章文件 34 个；

冶炼工程注册建造师施工管理签章文件 39 个；

石油化工工程注册建造师施工管理签章文件 88 个。

担任机电安装工程、石油化工工程、电力工程、冶炼工程施工项目的机电工程注册建造师，应按照执业的工程类别，分别填写各专业工程、各种类别的注册建造师施工管理签章文件。

3. 注册建造师施工管理签章文件的适用主体

（1）注册建造师施工管理签章文件的签章主体为担任建设工程施工项目负责人的注册建造师，而不包括担任其他岗位的注册建造师。

（2）担任施工项目负责人的注册建造师的日常工作很多，需要其签署的文件也很多，本《签章文件目录》是从法定备案的角度出发，规定其需要签章的施工管理相关文件。

（3）担任施工项目负责人和其他岗位（如技术、质量、安全等）的注册建造师，是否需要在其他有关文件上签章，由各企业根据实际情况自行规定。

（4）省级人民政府行政主管部门可根据本地实际情况，制定担任施工项目负责人的注册建造师签章文件补充目录。

4. 签章文件式样

（1）签章文件代码

签章文件代码有统一格式，为两位英文字母，三位阿拉伯数字组成。

第一位：大写英文字母 C，代表建造师；

第二位：大写英文字母 A～N，分别代表 14 个专业。其中：

G-电力 I-冶炼 J-石油化工 M-机电安装

第三位：阿拉伯数字 1～7，分别代表 7 类文件；

第四、五位：从阿拉伯数字 01 开始，为该类文件的顺序号。

如果 1 个签章文件对应着不止 1 个表格，则可在代码后加 -1. -2 表示。

（2）签章文件式样

签章文件有表格形式或文件首页形式等，如表 3-2。

机电安装工程特殊/特种作业人员资质审查表　　　　　　　　　表 3-2

机电安装工程　　　　　　　　　　　　　　　　　　　　　　　CM105

特殊/特种作业人员资质审查表

工程名称：×××汽车制造厂机电安装工程　　　　　　　编号：×××-005

序号	姓名	工种	拟从事工作	证书编号	取证日期	有效期
1	×××	电工	安装与调试	×××-××	××××年××月	×年
2	×××	焊工	焊接	×××-××	××××年××月	×年
3	×××	起重工	吊装	×××-××	××××年××月	×年
4	×××	试验员	无损检测	×××-××	××××年××月	×年
5	×××	机械操作工	起重机操作叉车操作	×××-××	××××年××月	×年
6	×××	架子工	搭脚手架	×××-××	××××年××月	×年
7	×××	筑炉工	锅炉筑炉	×××-××	××××年××月	×年
8	×××	水处理	水质化验	×××-××	××××年××月	×年
9	×××	司炉	锅炉	×××-××	××××年××月	×年

备注	附：特种作业/特种设备作业人员操作证

施工项目负责人（签章）： 　　　××× 审核人（签字）： 　　　××× 施工单位（公章）： 　　　××××年××月××日	建设或监理负责人（签章）： 　　　××× 审核人（签字）： 　　　××× 建设或监理单位（公章）： 　　　××××年××月××日

5. 注册建造师施工管理签章文件的填写要求

（1）表格上方右侧的编号（包括合同编号），由各施工单位根据相关要求进行编号。

（2）表格上方左侧的工程名称应与工程承包合同的工程名称一致。

（3）表格中致××单位，例如：致建设（监理）单位，应写该单位全称。

（4）表格中施工单位应填写全称并与工程承包合同一致。

（5）表格中工程地址，应填写清楚，并与工程承包合同一致。

（6）表格中单位工程、分部（子分部）、分项工程必须按规范标准相关规定填写。

建筑机电安装工程项目分部工程共分五个（三十四个子分部工程），即建筑给排水及采暖（七个子分部）、建筑电气（七个子分部）、建筑通风与空调（七个子分部）、建筑智能化（十个子分部）、电梯工程（三个子分部）。

工业机电安装工程项目的分部工程划分比较复杂，一般按专业性质设备所属的工艺系统、专业种类、机组和区域划分为若干个分部工程，按专业种类通常分为设备安装，电气装置安装，自动化仪表安装，设备与管道防腐，绝热安装，工业炉窑砌筑，非标准钢结构组焊等七个分部工程。按工艺系统划分，应有明显的输出、输入及控制过程。当分部工程较大或较复杂时，可按材料种类、施工特点、施工顺序、专业系统及类别等划分为若干个子分部工程，或者根据行业有关规定进行划分。

（7）表中若实际工程没有其中一项时，可注明"工程无此项"。

（8）审查、审核、验收意见或检查结果，必须用明确的定性文字写明基本情况和结论。

（9）表格中施工项目负责人是指受聘于企业担任施工项目负责人（项目经理）的机电工程注册建造师。

（10）分包企业签署的质量合格文件，必须由担任总包项目负责人的注册建造师签章。

（11）签章应规范。表格中凡要求签章的，应签字并盖章。

"施工单位（章）"应加盖施工单位公章。

"施工项目负责人（签章）"由施工项目负责人加盖国家注册建造师执业资格印章。

专业工程监理工程师审查，并在"监理单位审查意见"中填写意见和签章。

"总监理工程师审核意见"由总监理工程师审核签章并加盖项目监理机构印章。

（12）应如实填写签章日期。

6. 签章文件填写举例

针对每张签章文件的具体要求，填写相应的内容。

例如，CM105机电安装工程特殊/特种作业人员资质审查表（冶炼、石化、电力专业均有相关表格）。

【本表适用范围】

适用于工程项目部将拟从事特种作业和特种设备作业的人员及其资格情况，向建设（监理）单位报审时填写，并可在征得对方同意后实施。

【填写内容与要求】

1. 本表名称所示特殊/特种作业人员，是指：特种作业人员/特种设备作业人员。

2. 特种作业是指容易发生人员伤亡事故，对操作者本人、他人及周围设施的安全可能造成重大危害的作业。直接从事特种作业的人员称为特种作业人员。

国家安全生产监督管理局、国家煤矿安全监察局（安监管人字［2002］124号）《特种作业人员安全技术培训考核工作》规定的特种作业人员范围包括电工作业等17类。

3. 特种作业操作证由原考核发证部门复审。

4. 特种设备作业人员是指从事锅炉、压力容器（含气瓶）、压力管道、电梯、起重机械、客运索道、大型游乐设施、场（厂）内机动车辆等特种设备的作业人员及其相关管理人员。《特种设备作业人员监督管理办法》规定的特种设备作业人员，包括锅炉作业等10大类作业人员。

5. 特种设备作业人员证每 X 年复审一次。

3.2.2　注册建造师履行签章的法律责任

根据《注册建造师管理规定》（建设部令第153号）建设部市场司2008年2月21日以（建市［2008］42号）文件发布了《注册建造师施工管理签章文件目录》，2008年2月26日建设部市场司发布了"关于发布《注册建造师职业管理办法》（试行）的通知"（建市［2008］48号文），明确规定了注册建造师的签章职责：

1. 担任建设工程项目负责人的注册建造师并对其签署的工程管理文件承担相应责任。注册建造师签章完整的工程施工管理文件方为有效。

2. 注册建造师有权拒绝在不合格或者弄虚作假内容的建设工程施工管理文件上签字并加盖执业印章。

3. 担任建设工程项目负责人的注册建造师在执业过程中，应当及时、独立完成建设工程施工管理文件的签章，无正当理由不能拒绝在文件上签字并加盖执业印章。

4. 担任工程项目技术、质量、安全等岗位的注册建造师，是否在有关文件上签章，由企业根据实际情况自行规定。

5. 建设工程合同包含多个专业工程的，担任施工项目负责人的注册建造师，负责该工程施工管理文件签章。

6. 专业工程独立发包时，注册建造师执业范围涵盖该专业工程的，可担任该专业工程施工项目负责人。

7. 分包工程施工管理文件应当由分包企业注册建造师签章。分包企业签署质量合格的文件上，必须由担任总包项目负责人的注册建造师签章。

8. 因续期注册、企业名称变更或印章污损遗失不能及时盖章的，经注册建造师聘用企业出具书面证明后，可现在规定文件上签字后补盖执业印章，完成签章手续。

9. 修改注册建造师签字并加盖执业印章的工程施工管理文件，应当征得所在企业同意后，由注册建造师本人进行修改；注册建造师本人不能进行修改的，应当由企业指定同等资格条件的注册建造师修改，并由其签字并加盖执业印章。